Aline Achkar

L'hypercholestérolémie familiale au Saguenay-Lac-Saint-Jean

Aline Achkar

L'hypercholestérolémie familiale au Saguenay-Lac-Saint-Jean

Analyse démogénétique de la mutation LDLR-W66G

Presses Académiques Francophones

Impressum / Mentions légales
Bibliografische Information der Deutschen Nationalbibliothek: Die Deutsche Nationalbibliothek verzeichnet diese Publikation in der Deutschen Nationalbibliografie; detaillierte bibliografische Daten sind im Internet über http://dnb.d-nb.de abrufbar.
Alle in diesem Buch genannten Marken und Produktnamen unterliegen warenzeichen-, marken- oder patentrechtlichem Schutz bzw. sind Warenzeichen oder eingetragene Warenzeichen der jeweiligen Inhaber. Die Wiedergabe von Marken, Produktnamen, Gebrauchsnamen, Handelsnamen, Warenbezeichnungen u.s.w. in diesem Werk berechtigt auch ohne besondere Kennzeichnung nicht zu der Annahme, dass solche Namen im Sinne der Warenzeichen- und Markenschutzgesetzgebung als frei zu betrachten wären und daher von jedermann benutzt werden dürften.

Information bibliographique publiée par la Deutsche Nationalbibliothek: La Deutsche Nationalbibliothek inscrit cette publication à la Deutsche Nationalbibliografie; des données bibliographiques détaillées sont disponibles sur internet à l'adresse http://dnb.d-nb.de.
Toutes marques et noms de produits mentionnés dans ce livre demeurent sous la protection des marques, des marques déposées et des brevets, et sont des marques ou des marques déposées de leurs détenteurs respectifs. L'utilisation des marques, noms de produits, noms communs, noms commerciaux, descriptions de produits, etc, même sans qu'ils soient mentionnés de façon particulière dans ce livre ne signifie en aucune façon que ces noms peuvent être utilisés sans restriction à l'égard de la législation pour la protection des marques et des marques déposées et pourraient donc être utilisés par quiconque.

Coverbild / Photo de couverture: www.ingimage.com

Verlag / Editeur:
Presses Académiques Francophones
ist ein Imprint der / est une marque déposée de
OmniScriptum GmbH & Co. KG
Heinrich-Böcking-Str. 6-8, 66121 Saarbrücken, Deutschland / Allemagne
Email: info@presses-academiques.com

Herstellung: siehe letzte Seite /
Impression: voir la dernière page
ISBN: 978-3-8381-4200-5

Copyright / Droit d'auteur © 2014 OmniScriptum GmbH & Co. KG
Alle Rechte vorbehalten. / Tous droits réservés. Saarbrücken 2014

A mon époux Bassem et mes deux enfants Thomas et Léo,
Merci pour votre encouragement et tout ce que vous m'avez offert d'appui et de soutien pour l'achèvement de ce projet.

Table des matières

REMERCIEMENT... i
TABLE DES MATIÈRES ii
LISTE DES FIGURES iv
LISTE DES TABLEAUX v

INTRODUCTION.. 1

CHAPITRE 1 : ÉTAT DES CONNAISSANCES ET PROBLÉMATIQUE 3
1.1 Caractéristiques et métabolisme des lipoprotéines 3
    1.1.1 Métabolisme des chylomicrons et voie exogène........................ 3
    1.1.2 Métabolisme des VLDL et des LDL et voie endogène................ 5
    1.1.3 Voie de retour ou transport inverse du cholestérol..................... 7
1.2 Récepteur des lipoprotéines LDL.. 7
1.3 Hypercholestérolémie familiale... 9
    1.3.1 Aspects historiques et définition.. 9
    1.3.2 Manifestations cliniques... 11
    1.3.3 Prévalence et effet fondateur... 13
1.4 Les maladies héréditaires au SLSJ... 13
    1.4.1 L'origine des gènes défectueux au SLSJ................................... 14
    1.4.2 L'approche généalogique dans l'étude des maladies héréditaires au SLSJ... 15
1.5 Objectif de recherche.. 17

CHAPITRE 2 : SOURCES DES DONNÉES ET MÉTHODOLOGIE........... 18
2.1 La région étudiée.. 18
2.2 Nature et source des données.. 21
2.3 Analyses génétiques.. 22
2.4 Reconstitutions généalogiques.. 23
    2.4.1 Le fichier BALSAC... 24
    2.4.2 Le fichier BALSAC-RÉTRO... 24
2.5 Analyses généalogiques.. 25
    2.5.1 Analyses descriptives des ascendances...................................... 25
    2.5.2 Analyses démogénétiques.. 28
    2.5.3 Les fondateurs régionaux et immigrants.................................... 32

CHAPITRE 3 : RÉSULTATS... 33
3.1 Analyses généalogiques descriptives.. 33
    3.1.1 Caractéristiques des généalogies.. 33
    3.1.2 La complétude des généalogies.. 34
    3.1.3 L'implexe des ancêtres... 34
    3.1.4 Profondeur généalogique (ou génétique)................................... 35

3.2 Analyses généalogiques démogénétiques...	36
3.2.1 L'occurrence et le recouvrement des ancêtres............................	37
3.2.2 Apparentement et Consanguinité...	39
3.2.2.1 Apparentement intragroupe et intergroupe......................	39
3.2.2.2 Consanguinité...	40
3.3 Fondateurs régionaux...	42
3.3.1 Occurrence et recouvrement	44
3.3.2 Origine et contribution génétique..	46
3.3.3 Analyse par période de mariage...	48
3.3.3.1 Fondateurs régionaux spécifiques..............................	52
3.3.3.2 Fondateurs régionaux communs................................	55
3.4 Fondateurs immigrants..	57
3.4.1 Occurrence et recouvrement...	58
3.4.2 Origine et contribution génétique...	60
3.4.2.1 Fondateurs communs aux deux cohortes.......................	65
3.4.2.2 Fondateurs spécifiques aux cas ou aux témoins................	66
3.4.3 Analyse par période de mariage...	67
3.4.3.1 Avant 1660...	70
3.4.3.2 1660 à 1699...	76
3.4.3.3 1700 à 1765...	82
3.4.3.4 Après 1765..	87
3.4.4 Fondateurs présents dans au moins 95 % des ascendances.............	90
SYNTHÈSE DES RÉSULTATS ET CONCLUSION...............................	93
BIBLIOGRAPHIE..	100
ANNEXES...	113

LISTE DES FIGURES

Figure 1.1 : Métabolisme des lipoprotéines.................................... 4
Figure 1.2 : Cycle du récepteur des LDL....................................... 6
Figure 2.1 : Situation géographique du Saguenay-Lac-Saint-Jean au Québec.. 19
Figure 2.2 : Distribution géographique des sujets dans la région du Saguenay-Lac-St-Jean.. 22
Figure 3.1 : Indice de complétude par génération pour l'ensemble des cas et des témoins.. 34
Figure 3.2 : Implexe des ancêtres par génération pour l'ensemble des cas et des témoins... 35
Figure 3.3 : Coefficients moyens d'apparentement intragroupe et intergroupe par génération pour l'ensemble des cas et des témoins.. 40
Figure 3.4 : Coefficients moyens de consanguinité par génération......... 41
Figure 3.5 : Proportion d'individus (%) issus d'une union consanguine par génération pour l'ensemble des cas et des témoins......... 42
Figure 3.6 : Contribution génétique totale (%) des fondateurs régionaux chez les cas et les témoins, selon leur période de mariage 49
Figure 3.7 : Contribution génétique totale (%) des fondateurs régionaux spécifiques aux cas et aux témoins, selon leur période de mariage... 53
Figure 3.8 : Contribution génétique totale (%) des fondateurs régionaux communs aux cas et aux témoins, selon leur période de mariage... 55

LISTE DES TABLEAUX

Tableau 1.1 : Classes des mutations dans le gène du récepteur des LDL.   8

Tableau 2.1 : Répartition des sujets selon leur période de naissance et leur sexe…………………………………………………………..   21

Tableau 3.1 : Caractéristiques générales des corpus généalogiques (cas et témoins)…………………………………………………..   33

Tableau 3.2 : Classes des profondeurs généalogiques moyennes et les fréquences absolues chez les cas et les témoins……………   36

Tableau 3.3 : Distribution des ancêtres selon leur spécificité et leur nombre d'occurrences parmi les généalogies des cas et des témoins…………………………………………………………..   37

Tableau 3.4 : Distribution des ancêtres selon leur spécificité et leur recouvrement parmi les généalogies des cas et des témoins…………………………………………………………..   38

Tableau 3.5 : Nombre (%) et CGT (%) des fondateurs régionaux spécifiques et communs aux cas et aux témoins…………..   43

Tableau 3.6 : Distribution des fondateurs et fondatrices régionaux spécifiques et communs aux cas et aux témoins…………...   44

Tableau 3.7 : Distribution des fondateurs régionaux selon leur spécificité et leur nombre d'occurrence…………………….   45

Tableau 3.8 : Distribution des fondateurs régionaux selon leur spécificité et leur recouvrement parmi les généalogies des cas et des témoins…………………………………………………………….   46

Tableau 3.9 : Distribution, contribution génétique totale et contribution génétique moyenne des fondateurs régionaux parmi les généalogies des cas et des témoins, selon leur origine………….   47

Tableau 3.10 : Distribution (%) des fondateurs régionaux mariés après 1884 selon la génération, parmi les généalogies des cas et des témoins et par spécificité……………………………...   50

Tableau 3.11 : Origine et CGT (%) des fondateurs régionaux des cas et des témoins, par période de mariage…………………….   51

Tableau 3.12 : Origine et CGT (%) des fondateurs régionaux spécifiques aux cas et aux témoins, par période de mariage…………….   54

Tableau 3.13 : Répartition des fondateurs régionaux communs aux cas et aux témoins par lieu d'origine et par période de mariage…..   56

Tableau 3.14 : CGT (%) des fondateurs régionaux communs aux cas et aux témoins, selon leur période de mariage et leur lieu d'origine…………………………………………………….   57

Tableau 3.15 : Distribution des fondateurs immigrants selon leur spécificité et leur nombre d'occurrences parmi les généalogies des cas et des témoins………………………………………………….   59

Tableau 3.16 : Distribution des fondateurs immigrants selon leur spécificité et leur recouvrement parmi les généalogies des cas et des

témoins..	59
Tableau 3.17 : Distribution, contribution génétique totale et contribution génétique moyenne de l'ensemble des fondateurs immigrants chez les cas et les témoins, selon leur origine......................	61
Tableau 3.18 : Distribution, contribution génétique totale et contribution génétique moyenne de l'ensemble des fondateurs immigrants de sexe masculin selon leur origine.................................	63
Tableau 3.19 : Distribution, contribution génétique totale et contribution génétique moyenne de l'ensemble des fondateurs immigrants de sexe féminin selon leur origine...................................	64
Tableau 3.20 : Nombre de fondateurs immigrants spécifiques et communs aux généalogies des cas et des témoins.............................	65
Tableau 3.21 : Distribution, contribution génétique totale et contribution génétique moyenne des fondateurs immigrants communs aux généalogies des cas et des témoins, selon leur origine.............	66
Tableau 3.22 : Distribution, contribution génétique totale et contribution génétique moyenne des fondateurs immigrants spécifiques aux généalogies des cas et des témoins, selon leur origine......	67
Tableau 3.23 : Nombre de fondateurs immigrants spécifiques et communs aux généalogies des cas et des témoins, selon le sexe et la période de mariage...	68
Tableau 3.24 : Distribution, contribution génétique totale et contribution génétique moyenne des fondateurs immigrants parmi les généalogies des cas et des témoins, par période de mariage.....	70
Tableau 3.25 : Distribution des fondateurs immigrants mariés avant 1660 selon leur spécificité et leur nombre d'occurrences parmi les généalogies des cas et des témoins..................................	71
Tableau 3.26 : Distribution des fondateurs immigrants mariés avant 1660 selon leur spécificité et leur recouvrement parmi les généalogies des cas et des témoins..................................	71
Tableau 3.27 : Distribution, contribution génétique totale et contribution génétique moyenne des fondateurs mariés avant 1660 parmi les généalogies des cas et des témoins, selon leur origine.......	72
Tableau 3.28 : Sexe, origine, année de mariage, recouvrement, génération maximale et contribution génétique total des 40 principaux fondateurs mariés avant 1660 et communs aux généalogies des cas et des témoins.............................	75
Tableau 3.29 : Distribution des fondateurs immigrants mariés de 1660 à 1699 selon leur spécificité et leur nombre d'occurrences parmi les généalogies des cas et des témoins.....	76
Tableau 3.30 : Distribution des fondateurs immigrants mariés de 1660 à 1699 selon leur spécificité et leur recouvrement parmi les généalogies des cas et des témoins.....................	77
Tableau 3.31 : Distribution, contribution génétique totale et contribution	

génétique moyenne des fondateurs immigrants mariés
de 1660 à 1699 parmi les généalogies des cas et des témoins,
selon leur origine.. 78

Tableau 3.32 : Distribution, contribution génétique totale et contribution
génétique moyenne des fondateurs immigrants mariés au
17e siècle parmi les généalogies des cas et des témoins,
selon le sexe et la période de mariage............................. 80

Tableau 3.33 : Sexe, origine, année de mariage, recouvrement,
génération maximale et contribution génétique totale
des 16 principaux fondateurs immigrants mariés de 1660 à
1699 et communs aux généalogies des cas et des témoins...... 82

Tableau 3.34 : Distribution des fondateurs immigrants mariés de 1700 à
1765 selon leur spécificité et leur nombre d'occurrences
parmi les généalogies des cas et des témoins... 83

Tableau 3.35 : Distribution des fondateurs immigrants mariés de 1700 à
1765 selon leur spécificité et leur recouvrement
parmi les généalogies des cas et des témoins..................... 83

Tableau 3.36 : Distribution, contribution génétique totale et contribution
génétique moyenne des fondateurs immigrants mariés de
1700 à 1765 parmi les généalogies des cas et des témoins,
selon leur origine.. 85

Tableau 3.37 : Sexe, origine, année de mariage, recouvrement,
génération maximale et contribution génétique totale des
quatre principaux fondateurs immigrants mariés de 1700 à
1765et communs aux généalogies des cas et des témoins........ 86

Tableau 3.38 : Distribution des fondateurs immigrants mariés après 1765
selon leur spécificité et leur nombre d'occurrences
parmi les généalogies des cas et des témoins..................... 87

Tableau 3.39 : Distribution des fondateurs immigrants mariés après 1765
selon leur spécificité et leur recouvrement parmi les
généalogies des cas et des témoins................................. 87

Tableau 3.40 : Distribution, contribution génétique totale et contribution
génétique moyenne des fondateurs immigrants mariés après
1765 parmi les généalogies des cas et des témoins, selon
leur origine.. 88

Tableau 3.41 : Distribution, contribution génétique totale et contribution
génétique moyenne des fondateurs et fondatrices
immigrants présents dans au moins 95% des généalogies
des cas par période de mariage, selon leur origine................ 91

Tableau 3.42 : Distribution, contribution génétique totale et contribution
génétique moyenne des fondateurs et fondatrices
immigrants présents dans au moins 95% des généalogies
des témoins par période de mariage, selon leur origine..... 92

INTRODUCTION

L'hypercholestérolémie familiale (HF) est une maladie autosomique co-dominante qui est fréquemment causée par la présence d'une mutation dans le gène du récepteur des LDL (LDLR) (Goldstein et Brown, 1979). Cette altération génétique est caractérisée par une augmentation des taux plasmatiques de cholestérol-LDL et d'apolipoprotéine (apo) B, et par l'accumulation de cholestérol au niveau de la peau (xanthélasma), au niveau des tendons (xanthomes) et des artères (athérosclérose) (Goldstein et al., 2000). Le développement précoce et accéléré de l'athérosclérose est une conséquence clinique majeure de l'HF. Il s'agit d'un processus complexe et multifactoriel menant au développement de maladies cardiovasculaires, qui incluent l'angine de poitrine, l'infarctus du myocarde et l'accident cérébro-vasculaire. Les maladies cardiovasculaires représentent la première cause de mortalité au Canada et dans la majorité des pays industrialisés (Thom, 1989 et Statistique Canada, 1999).

L'HF a une très haute prévalence dans certaines populations où un effet fondateur est observé. Au Saguenay-Lac-St-Jean (SLSJ), environ une personne sur 80 est hétérozygote pour l'HF, ce qui est une prévalence six fois plus élevée que celle observée mondialement. La mutation W66G est une des deux mutations dans le gène du LDLR qui expliquent plus de 90 % des cas d'HF dans la population du SLSJ (Vohl et al., 1997).

L'objectif principal de cette étude est de mener une analyse comparative des caractéristiques démogénétiques d'un groupe de 64 sujets affectés par la mutation LDLR-W66G avec un groupe de 64 sujets témoins. Par cette comparaison, nous essayons de retracer l'origine de cette mutation et la cause de sa haute prévalence au SLSJ.

Ce mémoire est divisé en quatre chapitres. Le premier chapitre présente une revue de l'état des connaissances concernant le métabolisme des lipoprotéines, le récepteur des lipoprotéines LDL (LDLR) et les mutations affectant le gène du LDLR; il contient aussi la définition et des informations sur les aspects historiques de la maladie, ses manifestations cliniques ainsi que sa prévalence. L'avant-dernière partie porte sur les maladies héréditaires au SLSJ, l'origine des gènes défectueux et l'approche généalogique dans l'étude des maladies héréditaires dans la région. La dernière partie de ce chapitre présente l'objectif de la recherche.

Le deuxième chapitre comprend une explication des méthodes et techniques utilisées dans cette recherche. Il est divisé en cinq parties. La première contient une brève description de la région et de la population du Saguenay-Lac-St-Jean. La présentation de l'échantillon et du groupe témoin et des analyses génétiques effectuées pour chaque individu de l'échantillon font l'objet respectivement des deuxième et troisième sections. Les reconstitutions généalogiques effectuées par l'intermédiaire de plusieurs sources, principalement les fichiers BALSAC et BALSAC-RÉTRO, sont expliquées à la quatrième section. Finalement, les analyses descriptives et démogénétiques des ascendances utilisées dans le cadre de cette étude sont décrites à la cinquième section.

Le chapitre 3 présente les résultats des analyses décrites au chapitre 2. Il est divisé en quatre sections. En premier, les résultats des analyses généalogiques descriptives sont présentés; ils sont suivis par les résultats des analyses généalogiques démogénétiques comprenant l'occurrence et le recouvrement des ancêtres du groupe des proposants et du groupe des témoins ainsi que l'apparentement et la consanguinité des sujets des deux groupes. La troisième partie de ce chapitre a porté sur l'analyse de l'occurrence et du recouvrement, des différentes origines et de la contribution génétique des fondateurs régionaux qui sont regroupés en quatre groupes selon leur date de mariage. La dernière partie comprend les mêmes analyses appliquées sur les fondateurs immigrants regroupés en quatre périodes de mariage : avant 1660, de 1660 à 1699, de 1700 à 1765 et après 1765. Finalement, une identification des fondateurs immigrants présents dans au moins 95% des ascendances (61 sujets et plus) des cas et des témoins a été effectuée.

CHAPITRE 1

ÉTAT DES CONNAISSANCES ET PROBLÉMATIQUE

1.1 Caractéristiques et métabolisme des lipoprotéines

Les lipoprotéines sont des complexes macromoléculaires composés de lipides et d'une partie protéique particulière appelée apolipoprotéine. Les lipoprotéines permettent l'acheminement du cholestérol et des triglycérides, sous forme soluble, dans le plasma (Ginsberg et Goldberg, 1998). Le métabolisme des lipoprotéines est une variable majeure du risque cardiovasculaire.

Le métabolisme des lipoprotéines comprend trois voies principales (figure 1.1):
1- la voie exogène correspondant au métabolisme des chylomicrons
2- la voie endogène correspondant au métabolisme des lipoprotéines de très faible densité (VLDL) et des LDL
3- la voie inverse correspondant au métabolisme des lipoprotéines de haute densité (HDL)

1.1.1 Métabolisme des chylomicrons et voie exogène

Les chylomicrons sont les lipoprotéines les moins denses, les plus grosses en taille, les plus riches en triglycérides et les plus pauvres en apolipoprotéines. Ils sont formés dans les entérocytes, cellules de l'intestin grêle (duodénum et jéjunum), après consommation des lipides d'origine alimentaire puis excrétés dans les vaisseaux lymphatiques mésentériques. Lors de leur sécrétion, ils sont constitués de triglycérides, de cholestérol, de phospholipides et d'apolipoprotéines (apoB-48, apoA-I et apoA-IV) et sont appelés chylomicrons « naissants ». Ils atteignent leur maturation à leur arrivée dans le plasma en recevant les apoprotéines E (apoE) et C (apoCI, CII, CIII), provenant des HDL circulantes dans le sang, puis ils sont amenés vers les tissus utilisateurs (muscles et tissus adipeux). À ce niveau, les chylomicrons libèrent leurs triglycérides qui vont être hydrolysées en acides gras et en 2-monoacylglycérol grâce à la lipoprotéine lipase activée par l'apoCII (Redgrave, 1999; Green et Glickman, 1981).

Figure 1.1: Métabolisme des lipoprotéines (inspiré de Gagné et Gaudet, 1997)

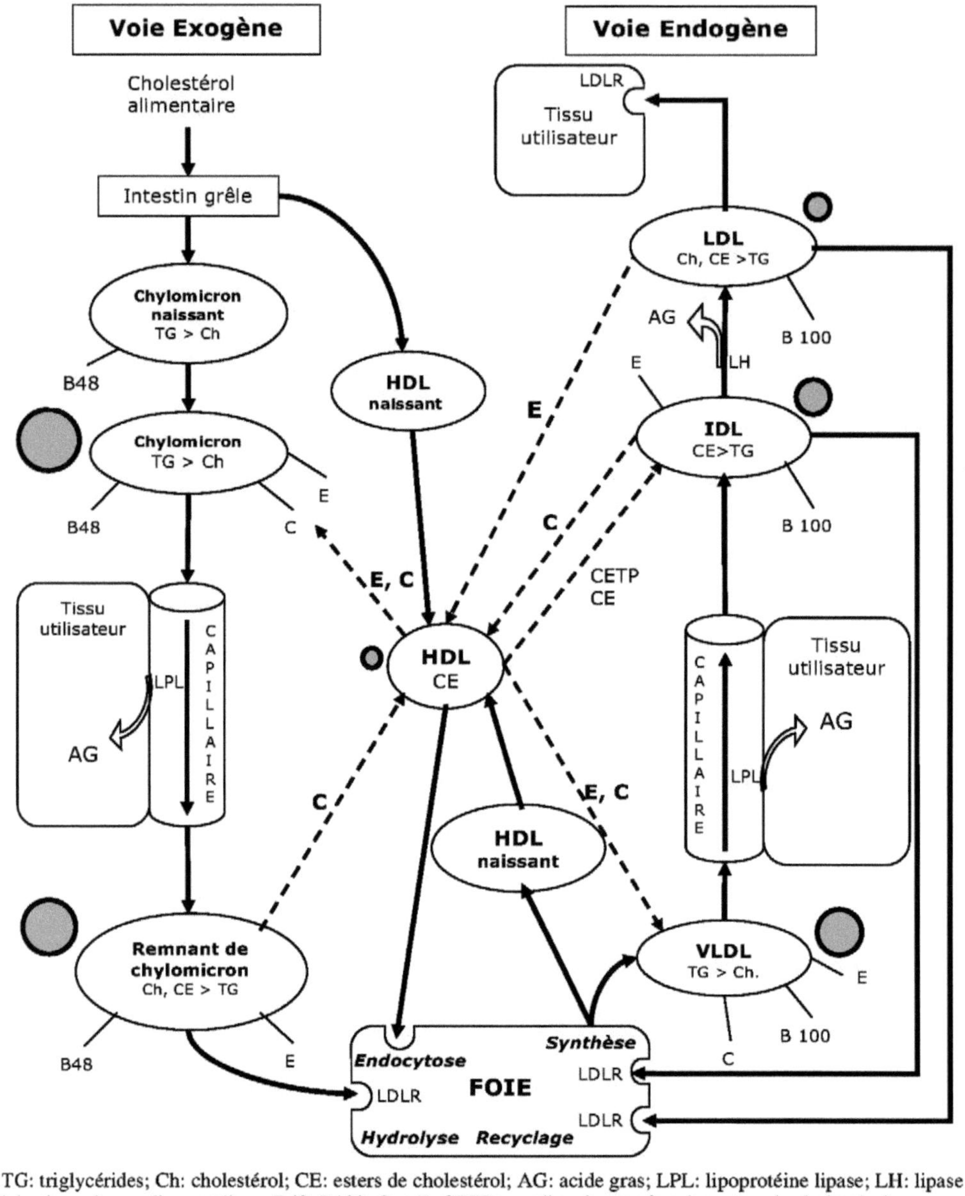

TG: triglycérides; Ch: cholestérol; CE: esters de cholestérol; AG: acide gras; LPL: lipoprotéine lipase; LH: lipase hépatique; les apolipoprotéines: B48, B100, C et E; CETP: protéine de transfert des esters de cholestérol.

Ces chylomicrons débarrassés de leurs triglycérides se rétrécissent et deviennent plus denses et sont nommés « résidus » de chylomicrons. Ils sont alors retirés du sang par le foie, par endocytose (figure 1.1).

1.1.2 Métabolisme des VLDL et des LDL et voie endogène
Les VLDL sont les lipoprotéines de très faible densité. Elles sont synthétisées dans le foie, après un repas riche en graisse. Elles se forment par l'accumulation de triglycérides, des différentes formes de cholestérol, de l'apoB-100 et de l'apoA-1. Leur rôle est de transporter les triglycérides du foie vers les tissus utilisateurs. Pour cela, elles passent dans le sang et reçoivent l'apoE et l'apoCII libérées par les HDL circulantes dans le sang. Une partie des triglycérides des VLDL est hydrolysée par la lipoprotéine lipase activée par l'apoCII. Les VLDL deviennent alors plus petites et plus denses (Havel et al., 1980; Fielding et Havel, 1977) (figure 1.1).

Par la suite, dans le plasma, elles subissent une série de transformations et d'échanges avec les HDL: le retour des apoC et apoE au HDL, le transfert des esters de cholestérol des HDL vers les VLDL par le moyen d'une protéine de transfert des esters de cholestérol (CETP), et la libération des triglycérides et des phospholipides aux HDL circulantes (Havel, 1984) (figure 1.1).

Le reste de ces VLDL modifiées devient des lipoprotéines de densité intermédiaire (IDL), dont une grande partie est réabsorbée par le foie par le biais des récepteurs des LDL (LDLR) puis éliminée (Jones et al., 1984). Les particules restantes perdent leur apoE et subissent l'hydrolyse de leurs triglycérides sous l'action de la lipase hépatique et se transforment en LDL riches en esters de cholestérol (Havel, 1984).

Les LDL sont composées de cholestérol libre, de phospholipides, de triglycérides, d'esters de cholestérol et d'apoB-100. Elles transportent le cholestérol aux tissus où la production cellulaire est insuffisante. Les particules de LDL s'intègrent dans les cellules utilisatrices grâce à l'apoB-100 reconnue par un récepteur spécifique, le LDLR membranaire. Elles se fixent sur le LDLR formant une vésicule ouverte qui s'invagine après saturation, se ferme et s'intègre par endocytose. Dans ces cellules, ces endosomes fusionnent avec les lysosomes et les LDL libèrent le cholestérol sous l'action des enzymes lysosomales (figure 1.2). Par la suite, plusieurs réactions peuvent avoir lieu: une réduction de la synthèse et du nombre de LDLR disponibles, le stockage du cholestérol sous forme estérifiée dans la cellule et l'arrêt de la biosynthèse du cholestérol par blocage de l'enzyme responsable, HMG CoARéductase. Ce cholestérol est nécessaire à l'édification des membranes cellulaires, à la synthèse des lipoprotéines et des composés biliaires au niveau du foie, et à la biosynthèse des hormones stéroïdes (Brown et Goldstein, 1986).

Les particules de LDL n'ont pas toutes la même taille, la même densité et les mêmes propriétés. Les particules LDL de densité moyenne sont les plus reconnues par les LDLR alors que les LDL petites et denses sont moins attirées par les LDLR et se dégradent lentement; elles sont les LDL les plus athérogènes (Nigon et al., 1991).

Figure 1.2: **Cycle du récepteur des LDL (inspiré de Brown et Goldstein 1986)**

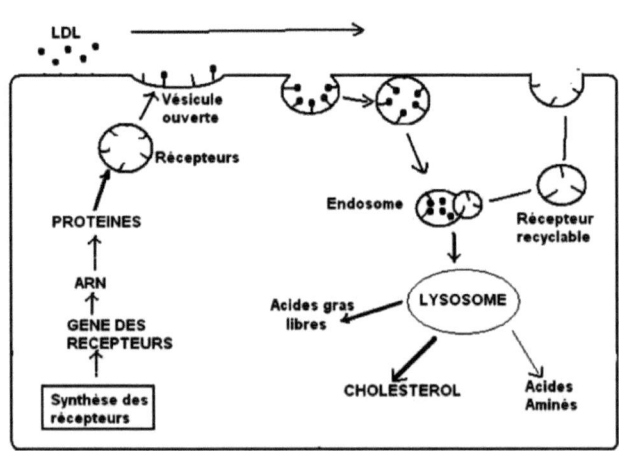

1.1.3 Voie de retour ou transport inverse du cholestérol

Cette voie est assurée par les HDL qui sont les particules les plus denses, les plus petites, les plus pauvres en lipides et les plus riches en apolipoprotéines. Elles sont un réservoir en apo C et E nécessaires au métabolisme des chylomicrons et des VLDL. D'après leur densité, elles sont réparties en 3 classes: les HDL naissantes, les HDL2 et les HDL3.

Les HDL naissantes sont formées par le foie et les intestins puis excrétées dans la circulation sanguine. Leur rôle est de retirer l'excès de cholestérol libre du sang et des cellules périphériques et de le transporter au foie, ce qui entraîne un abaissement du taux de cholestérol plasmatique et empêche son accumulation sur la paroi des artères, d'où l'effet anti-athérogène des HDL. Dans le plasma, dès que le cholestérol libre est retenu par les HDL, il est immédiatement estérifié par une enzyme plasmatique, la phosphatidylcholine cholestérol acyltransférase (PCA). Dans les cellules hépatiques, les HDL sont internalisées par endocytose via les récepteurs membranaires, les esters du cholestérol sont décomposés, et le cholestérol obtenu va être utilisé dans la synthèse d'autres lipoprotéines (HDL et VLDL) et des composés biliaires (Tall, 1990).

1.2 Récepteur des lipoprotéines LDL

Le LDLR est retrouvé à la surface membranaire de toutes les cellules de l'organisme. Il peut reconnaître les LDL par le biais de l'apoprotéine B-100 et les introduire dans la cellule dans laquelle elles sont hydrolysées par les enzymes lysosomiales libérant le cholestérol nécessaire pour le métabolisme cellulaire.

Le LDLR est une glycoprotéine de 839 acides aminés pesant 160 000 daltons. Le gène du LDLR est situé sur la partie distale du bras court du chromosome 19 (p13.1-13.3) (Lindgren et al., 1985). Il comprend 18 exons et 17 introns totalisant 45 000 paires de base (Goldstein et al., 1995).

Plus de 1000 mutations ont été identifiées dans le gène du LDLR (Varret et al., 2008; Holla et al., 2009). Ces mutations peuvent être classées selon l'effet qu'elles ont sur la fonction du LDLR (Hobbs et al., 1992). Il existe ainsi 5 grandes catégories ou classes de mutation du récepteur des LDL qui ont été découvertes et étudiées (Heath et al., 2001; Hobbs et al., 1992) (tableau 1.1).

Tableau 1.1: Classes des mutations dans le gène du récepteur des LDL (inspiré de Gagné et Gaudet, 1997 et Couture et al., 1998)

Classe	Site affecté	Effet	Mutations répertoriées au Québec
1	Synthèse du LDL-R (Réticulum endoplasmique)	Absence de LDLR	Δ ›15 kb, Y468X,
2	Transport du LDL-R (Appareil de Golgi)	Absence de transport du LDLR à la surface cellulaire	E207K, C646Y, C347R, C152W
3	Liaison à l'apoB	Absence de liaison entre les LDL et le LDLR	W66G, Δ 5 kb
4	Surface Cellulaire	Liaison sans internalisation du complexe LDLR/ligand	
5	Cytoplasme	Absence de libération des LDL dans l'endosome empêchant le recyclage du LDLR	

Les mutations de classe 1 sont nommées « mutations nulles » car elles entraînent un échec dans la synthèse des protéines appropriées, une activité du LDLR de moins de 2% par rapport à la normale (Goldstein et al., 1985) et donc un taux de cholestérol LDL plasmatique nettement supérieur à celui des autres classes de mutations (Gudnason et al., 1997). Les mutations des classes 2 à 5 sont appelées des « mutations à récepteurs défectueux » (Goldstein et al., 1985). La majorité des mutations identifiées jusqu'à présent sont des mutations des classes 2 ou 3 influençant la liaison LDLR-Ligand et les régions EGFP du gène (Heath et al., 2001).

Dans la population canadienne française du Québec, six mutations semblent être responsables d'environ 85% des cas d'HF (Bernier et al., 2008; Vohl et al., 1997; Couture et al., 1998). Deux de ces mutations sont des délétions importantes. La délétion la plus répandue est la délétion >15 kb qui affecte le promoteur et le premier exon du gène du récepteur LDLR. Elle serait responsable de 60% des cas de HF dans la population canadienne française (Hobbs et al., 1987) et elle montre des concentrations importantes dans les régions du Bas-Saint-Laurent et la Côte-du-Sud (Jomphe, 1992). La seconde est la délétion 5 kb qui supprime les exons 2 et 3 (Ma et al., 1989). La fréquence élevée de ces délétions dans la population canadienne-française a été attribuée à un effet fondateur (Leitersdorf et al., 1990). En 1990, Leitersdorf et al. identifient le variant W66G, une mutation faux-sens dans l'exon 3 du gène du LDLR, et qui appartient à la 3e classe de mutations du LDLR.

Au SLSJ, plus de 90 % des cas d'HF sont attribuables à deux types de mutations dans le gène LDLR, la délétion ›15Kb et la mutation W66G, dont 63 % sont attribuables seulement à la mutation W66G (Vohl et al., 1997). Bien qu'il existe des évidences moléculaires d'un effet fondateur pour ces deux mutations, des analyses généalogiques n'ont été effectuées que pour la délétion de ›15Kb (Couture et al., 1999; Jomphe, 1992). Les 10% des cas restants d'HF au SLSJ seraient dus à une des mutations suivantes: E207K, C646Y (Leitersdorf et al., 1990), C152W, C347R, et Y468X (Couture et al., 1998).

1.3 Hypercholestérolémie familiale

1.3.1 Aspects historiques et définition

L'hypercholestérolémie familiale (HF) est une maladie autosomique co-dominante qui est fréquemment causée par la présence d'une mutation dans le gène du LDLR (Goldstein et Brown, 1979).

L'HF a une histoire riche dans le domaine de l'épidémiologie génétique. Depuis le 19e siècle, les dermatologues Rayer et Fagge ont décrit les xanthomes nommés aussi les nodules jaunes de Rayer (Kaposi, 1874); puis Lehzen et Knauss ont découvert la relation entre la présence de xanthomes tendineux et le développement de l'athérosclérose (Steinberg, 2005). De 1925 à 1938, le pathologiste Norvégien Francis Harbitz a publié plusieurs articles sur la mort subite et la présence des xanthomes.

En 1938, Carl Müller, suite à ses propres études sur 17 familles à Oslo, a publié son rapport final et a décrit l'HF (ou le syndrome de Müller-Harbitz) comme étant une perturbation héréditaire du métabolisme qui est transmise sur le mode autosomique dominant monogénique et qui produit un taux élevé de cholestérol, le développement de xanthomes et l'infarctus du myocarde chez les jeunes. Dans les années 1960, Khachadurian (1964) a étudié ce phénotype dans un échantillon de familles libanaises et a montré que l'HF se présente sous deux formes: la forme hétérozygote moins grave et la forme homozygote plus sévère. Il a réaffirmé que les constructions généalogiques sont compatibles avec la transmission dominante d'un gène unique.

C'est seulement en 1967 qu'il a été démontré que le phénotype HF est associé à une perturbation du métabolisme des LDL (Fredrickson et al., 1967). Dans les années 1970, le travail combiné de Ott et al. (1974), Elston et al. (1976) et Berg et Heiberg (1978) a montré qu'une liaison génétique existe entre le phénotype FH et le complément C3, un marqueur connu pour être localisé sur le chromosome 19. Goldstein et Brown (1974) ont par la suite pu identifier le LDLR comme étant une protéine membranaire responsable, sous une de ses formes mutées, de l'HF; cette découverte leur a valu le prix Nobel de médecine en 1985 (Odelberg W, 1986). La protéine n'a toutefois été purifiée qu'en 1982 (Schneider et al., 1982). En 1984, Yamamoto et al. ont cloné son ADNc. En 1985, Sudhof et al. ont caractérisé son gène et Lindgren et al. ont pu localiser le gène sur le bras court du chromosome 19. Ensuite, les études continues ont développé les connaissances sur le rôle du LDLR dans le métabolisme des lipoprotéines ainsi que dans les réactions qui régularisent sa synthèse et son activité.

Des études ont démontré que le phénotype clinique de l'HF peut être la conséquence de mutations dans d'autres gènes. Une mutation dans le gène de l'apolipoprotéine B-100 qui est situé sur le chromosome 2p23-24 (Knott et al., 1985; Law et al.,1985) peut provoquer la déficience familiale en apolipoprotéine B-100 (FDB) (Innerarity et al.,

1987). Neuf mutations fonctionnelles dans ce gène ont été découvertes (Varret et al., 2008).

Deux types de mutation peuvent affecter le gène «pro-protein convertase subtilisin/Kexin type 9» (PCSK9) identifié sur le chromosome 1p34.1-p32 en 2003 (Abifadel et al., 2003) et avoir leurs effets sur l'HF. Le premier consiste en des mutations faux-sens de PCSK9 comme S127R et F216L (Abifadel et al., 2003) et D374Y (Sun et al., 2005) qui peuvent causer une augmentation de l'activité du précurseur PCSK9 et aggraver le phénotype clinique des patients porteurs de mutations LDLR (Pisciotta et al., 2006); et le second comprend des mutations non-sens dans le gène PCSK9 comme Y142X et C679X (Cohen et al., 2005) et qui sont inversement liées à l'hypocholestérolémie car elles entraînent une réduction dans l'activité PCSK9 (Leren, 2004; Timms et al., 2004; Allard et al., 2005; Cohen et al., 2006; Abifadel et al., 2009).

Des études récentes ont identifié d'autres gènes causant des formes récessives rares de l'hypercholestérolémie (Berge et al., 2000; Garcia et al., 2001):

- le gène responsable de l'hypercholestérolémie autosomique récessive (l'ARH) qui est localisé sur le chromosome 1p35 (Garcia et al., 2001; Eden et al., 2001). Les taux de LDL-C plasmatiques des sujets homozygotes atteints d'ARH sont généralement situés entre ceux des hétérozygotes FH et homozygotes FH (Arca et al., 2002; Soutar et al., 2003).

- la mutation du gène localisé sur le chromosome 2p21 codant les deux transporteurs ABC: ABCG5 et ABCG8 peut affecter la transcription du gène LDLR et causer une accumulation dans le plasma des LDL qui contiennent beaucoup de stérols végétaux (le sitostérol, le campestérol et le stigmastérol) en plus du cholestérol (Goldstein et Brown, 2001); c'est la Sitostérolémie.

1.3.2 Manifestations cliniques

La conséquence primordiale de cette perturbation métabolique est l'augmentation des taux plasmatiques de cholestérol LDL de laquelle dérivent toutes les autres manifestations cliniques, telles que l'accumulation de cholestérol au niveau de la peau (xanthélasma), au niveau des tendons extenseurs (xanthomes tendineux) et au niveau des artères coronaires et périphériques (athérosclérose). L'athérosclérose peut mener à des conséquences graves, telles que l'angine de poitrine, l'infarctus du myocarde et l'accident cérébro-vasculaire.

Chez les individus hétérozygotes non-traités, il a été estimé qu'environ 40% des hommes et 18% des femmes souffriraient d'une complication athérosclérotique avant l'âge de 40 ans. Ces proportions grimpent à 68% pour les hommes et 45% pour les femmes avant 50 ans, et à 96% pour les hommes et 74% pour les femmes avant 60 ans (Gagné et al., 1979). Le profil des manifestations cliniques est beaucoup plus grave chez les individus homozygotes et les hétérozygotes composés (porteurs de deux allèles mutés différents). Ces patients présenteraient des concentrations plasmatiques de cholestérol-LDL de 6 à 8 fois supérieures à la normale (10,3 - 25,9 mmol/l), qui peuvent être accompagnées d'une complication vasculaire de l'athérosclérose avant l'âge de 20 ans (Gagné et al., 1994; Moorjani et al., 1989). Les hétérozygotes présentent un profil clinique intermédiaire entre les sujets homozygotes et celui des sujets normaux; chez ces patients, l'augmentation du cholestérol dans la fraction LDL est de 2 à 3 fois (supérieur à 5,2 mmol/l) le niveau normal.

Il existe, en plus, des variations du profil clinique entre les patients selon le type de mutations présentes dans le gène du LDLR. Par exemple, les patients porteurs de la délétion de >15Kb (mutation de classe 1) présentent une activité du LDLR inférieure à 2% de son activité normale. Ils ont un profil clinique plus grave que les patients porteurs de mutations qui présentent un niveau d'activité du LDLR plus élevé, telle que la mutation W66G qui permet la conservation de 25 % de l'activité normale du récepteur (Moorjani et al., 1993). De plus, cette variabilité interindividuelle est modulée par la présence de différents allèles à d'autres locus, impliqués dans le métabolisme des lipoprotéines, incluant les apoprotéines, la protéine NARC-1, certaines enzymes et d'autres récepteurs. Aussi, certains facteurs environnementaux, tels que l'alimentation, l'activité physique et le tabagisme, pourraient influencer de manière significative le profil clinique de chaque individu (Raitakari et al., 2003).

1.3.3 Prévalence et effet fondateur

L'HF est une des maladies métaboliques monogéniques dont la prévalence mondiale est la plus élevée. Celle-ci a été estimée à 1:500 pour les hétérozygotes et à 1:1000000 pour les homozygotes (Goldstein et Brown, 1979). Dans certaines populations, la fréquence des hétérozygotes HF est supérieure à 1 / 500. Ceci peut être attribué à un effet qui se produit quand une nouvelle population est créée par la migration d'un nombre restreint d'individus ou « sujets fondateurs » à partir d'une population mère. Ces immigrants ne représentent qu'une partie du patrimoine génétique de la population mère, dont la richesse et la diversité génétique se trouvent ainsi réduites (Bouchard et Courville, 1993). La principale conséquence est que la nouvelle population formée est plus homogène que la population mère. Si, par hasard, certains des fondateurs sont HF, la dérive génétique peut alors conduire à une forte proportion de sujets affectés qui partagent des mutations spécifiques introduites par les fondateurs. Ces effets fondateurs auraient influencé le spectre de mutations HF chez les Canadiens français du Québec (Moorjani et al., 1989), les Afrikaners d'Afrique du Sud (Leitersdorf et al., 1989), les Druzes (Landsberger et al., 1992), les Juifs ashkénazes d'origine lituanienne (Meiner et al., 1991; Seftel et al., 1989), les Libanais (Slack, 1979; Lehrman et al., 1987), les Tunisiens (Slimane et al., 1993), les Islandais (Gudnason et al., 1997) et les Finlandais de Carélie du Nord (Aalto-Setala et al., 1992; Vuorio et al., 1997).

Chez les Canadiens français du Québec, la prévalence moyenne calculée pour les hétérozygotes est de 1:270, alors que pour les homozygotes elle est de 1:275000 (Moorjani et al., 1989). Cependant, cette statistique varie beaucoup d'une région à l'autre. Au Saguenay-Lac-St-Jean (SLSJ), environ une personne sur 80 serait hétérozygote pour l'HF, ce qui est une prévalence six fois plus élevée que celle observée mondialement (Vohl et al., 1997).

1.4 Les maladies héréditaires au SLSJ

La population du SLSJ, comme d'autres populations, est caractérisée par des prévalences et incidences élevées de quelques maladies héréditaires. Certaines affections sont « spécifiques » à la région et pratiquement inconnues ou très rares au Québec et dans le monde, comme par exemple l'ataxie récessive spastique de Charlevoix–Saguenay et la neuropathie sensitivomotrice avec ou sans agénésie du corps calleux (Bouchard et De Braekeleer, 1992). D'autres maladies héréditaires sont « non spécifiques » au SLSJ et relativement plus répandues dans la région que dans d'autres régions du Québec ou dans le monde comme la tyrosinémie et l'acidose lactique congénitale par déficit en cytochrome-c-oxydase. Ces quatre maladies héréditaires sont récessives, connues par une morbidité sévère et par une espérance de vie largement inférieure à la population en général. Elles présentent un taux de porteur élevé, situé entre 1/21 et 1/23 (De Braekeleer et al., 1993a; De Braekeleer et al., 1993b; Morin et al., 1993; De Braekeleer et Larochelle, 1990). D'après Vézina et al. (2004), l'expressivité très élevée de ces maladies récessives au SLSJ est due au fait que les membres de la population portent les mêmes gènes défectueux et non pas parce qu'ils portent plus de gènes défectueux.

1.4.1 L'origine des gènes défectueux au SLSJ

La diffusion des gènes défectueux au SLSJ est la conséquence de plusieurs phénomènes historiques, démographiques et sociaux (Bouchard et De Braekeleer, 1992). Leur fréquence élevée est le fruit d'un effet fondateur accompagné d'une forte fécondité et de l'homogénéité d'une population en isolement géographique et linguistique (Scriver, 2001).

Vézina et al. (2004) ont démontré, dans une étude portant sur l'apparentement biologique au SLSJ, que le coefficient moyen de consanguinité au SLSJ, calculé sur une profondeur de cinq générations, figurait parmi les plus bas de la province. Donc le portrait des maladies héréditaires rares du SLSJ n'est pas dû à de la proche consanguinité (mariages entre « cousins ») mais plutôt à des effets fondateurs successifs.

En effet, trois vagues de migrations ont conduit à la formation de la population du SLSJ entre le 17e et le 20e siècle. La première vague migratoire a eu lieu au 17e siècle lorsqu'environ 5000 individus provenant majoritairement du nord-ouest de la France (population mère), se sont établis en Nouvelle-France (Charbonneau et al., 1987). Cette nouvelle population (population fille) a connu une croissance rapide, grâce à un taux de natalité très élevé.

À la fin du 17e siècle, une deuxième vague migratoire (interne) a eu lieu, caractérisée par l'établissement des colons sur les rives de Charlevoix venant de la région de Québec, de la Côte de Beaupré et de la Côte-du-Sud (Bouchard et De Braekeleer, 1991; Bouchard et De Braekeleer, 1992).

Une troisième vague de migration a eu lieu à partir de l'année 1838, lorsque des pionniers provenant en majorité de la région de Charlevoix sont venus peupler le Saguenay. Au cours des décennies qui ont suivi, cette nouvelle population a augmenté rapidement à cause des taux de fécondité élevés (une moyenne d'au moins 7 enfants par femme jusqu'au début des années 1930), ce qui a favorisé la grande transmission des gènes défectueux déjà introduits au 17e siècle en Nouvelle-France puis implantés à Charlevoix (Bouchard et De Braekeleer, 1991; Bouchard et De Braekeleer, 1992). D'où la situation actuelle des maladies héréditaires récessives presque identiques au SLSJ et à Charlevoix (Bouchard et De Braekeleer, 1992).

1.4.2 L'approche généalogique dans l'étude des maladies héréditaires au SLSJ

L'approche généalogique dans l'étude des maladies héréditaires dans l'ensemble de la population du Québec et dans les régions du Nord-Est du Québec remonte aux années 1960. L'étude préliminaire de Barbeau et al. (1964) a porté sur des familles canadiennes françaises atteintes d'une maladie héréditaire dominante, la « Chorée de Huntington »; en 1969, Laberge découvre la tyrosinémie, maladie à transmission récessive, chez des familles saguenayennes; les études de Barbeau et al. en 1976 et de J.P Bouchard et al. en 1979 sur des familles porteurs du gène de l'ataxie de Friedreich (maladie héréditaire récessive) montrent que les mariages consanguins dans un petit village isolé à Rimouski sont à la base de la diffusion de ce gène; l'étude d'Andermann et al. en 1976 s'est appuyée sur 42 patients affectés par le gène de la polyneuropathie sensorimotrice avec ou sans agénésie du corps calleux, une transmission récessive présente presque uniquement au Saguenay et dans Charlevoix; en 1978, J.P Bouchard et al. ont pu décrire l'ataxie spastique de Charlevoix-Saguenay, une autre maladie héréditaire récessive.

À partir des années 1980, après avoir observé le grand problème de santé publique que représentent les génopathies dans la population saguenayenne, des chercheurs de l'Institut interuniversitaire de recherches sur les populations (IREP) ont créé un programme de recherche sur les maladies héréditaires. Divers logiciels ont été développés pour améliorer la reconstruction et l'analyse de généalogies ascendantes ou descendantes à partir des données des fichiers BALSAC et BALSAC-RETRO, favorisant ainsi la production de nombreuses études démogénétiques de groupes de sujets atteints ou porteurs de maladies héréditaires rares au Québec en général ou bien au SLSJ en particulier (Bouchard et al., 1984; Bouchard et De Braekeleer, 1991). Parmi ces études, notons par exemple celles portant sur le rachitisme vitamino-dépendant (Bouchard et al., 1984, 1985 et 1991; De Braekeleer et Larochelle, 1991), la tyrosinémie (Bouchard et al., 1984, 1985 et 1991; De Braekeleer et Larochelle, 1990), la dystrophie myotonique ou maladie de Steinert (Bouchard et al., 1988 et 1989; Roy et al., 1989; Mathieu et al., 1990), l'acidose métabolique (déficit en oxidase cytochrome C) (Morin et al., 1993), les anévrysmes intracrâniens familiaux (Cantin et al., 1988; De Braekeleer et al., 1996), l'ataxie spastique de Charlevoix–Saguenay (De Braekeleer et al., 1993a), la dystrophie oculo-pharyngée (Tremblay-Tymczuk et al., 1992), la fibrose kystique (Daigneault et al., 1991), l'hémochromatose (De Braekeleer et al., 1992), l'hyperchylomicronémie (et mutations du gène de la lipoprotéine lipase) (De Braekeleer et al., 1991, Bergeron et al., 1992, Dionne et al., 1992 et 1993, Normand et al., 1992; Lambert, 2002), la polyneuropathie sensorimotrice avec ou sans agénésie du corps calleux (De Braekeleer et al., 1993b), l'hyperglycérolémie familiale au Saguenay-Lac-Saint-Jean (St Gelais, 2004), et la mucolipidose (Plante et al., 2008).

1.5 Objectif de recherche

L'objectif principal de ce projet de recherche est d'essayer de déterminer l'origine de la mutation LDLR-W66G et la cause de sa haute prévalence au SLSJ. Pour cela nous avons commencé par des analyses généalogiques descriptives comparatives d'un groupe de 64 sujets affectés par la mutation avec un groupe de 64 sujets témoins. Ces analyses permettent d'examiner et de comparer les caractéristiques générales des deux tables d'ascendances, la complétude de leurs généalogies, l'implexe de leurs ancêtres et leur profondeur généalogique moyenne.

Des analyses démogénétiques ont ensuite été réalisées. Elles permettent d'étudier, dans un premier temps, l'occurrence, et le recouvrement des ancêtres des ascendances des cas et des témoins, l'apparentement intra et intergroupe et la consanguinité par le calcul des coefficients correspondants. Dans un deuxième temps, les caractéristiques des fondateurs régionaux et immigrants sont analysées en calculant leurs indices d'occurrence et de recouvrement, leur origine et leur contribution génétique par période de mariage. La contribution génétique individuelle de quelques fondateurs immigrants caractérisés par un indice de recouvrement élevé est examinée de plus près afin de tenter d'identifier un ou quelques fondateurs ayant pu introduire la mutation W66G dans la population québécoise. Enfin, pour mieux discerner les régions d'origine qui ont contribué à pratiquement toutes les ascendances étudiées, nous avons analysé la distribution et la contribution génétique des fondateurs immigrants qui apparaissent dans au moins 95% de ces ascendances.

CHAPITRE 2

SOURCES DES DONNÉES ET MÉTHODOLOGIE

Dans ce chapitre, nous allons expliquer les méthodes et techniques utilisées dans cette recherche. Nous ferons d'abord une brève description de la région et de la population du Saguenay-Lac-St-Jean. Nous présenterons ensuite l'échantillon et le groupe témoin de cette étude ainsi que les analyses génétiques qui ont été effectuées pour chaque individu de l'échantillon. Les reconstitutions généalogiques effectuées par l'intermédiaire de plusieurs sources, principalement les fichiers BALSAC et BALSAC-RÉTRO, seront également expliquées. Finalement, les analyses descriptives des ascendances et les analyses démogénétiques utilisées dans le cadre de cette étude seront décrites.

2.1 La région étudiée

La région étudiée est le Saguenay-Lac-Saint-Jean (SLSJ), qui est situé à 200 km au nord de la ville de Québec (Figure 2.1). Parmi les 17 régions administratives de la province, elle est la troisième plus grande après les régions du Nord du Québec et de la Côte-Nord. Sa superficie totale est 104 018 km^2. Sa population est distribuée dans 49 municipalités, 10 territoires non-organisés et une réserve amérindienne (Mashteuiatsh) regroupés dans quatre municipalités régionales de comté (MRC) en plus de la ville de Saguenay. En 2011, 273 461 personnes ont été dénombrées dans la région, avec une densité de population actuelle sur le territoire de 2,9 habitants/km^2 (ISQ, 2011).

La situation génétique actuelle de la population saguenayenne s'explique par l'histoire de son peuplement initial qui remonte au deuxième quart du 19e siècle. À cette époque, des centaines de familles charlevoisiennes ont quitté leur paroisse pour s'installer dans une nouvelle région, le SLSJ (Gauvreau et al., 1991). L'origine du peuplement du SLSJ et la présence de maladies héréditaires spécifiques et communes au SLSJ et à

Charlevoix nous mènent à remonter à l'histoire de la population de Charlevoix (Jetté et al., 1991).

Figure 2.1: Situation géographique du Saguenay-Lac-Saint-Jean au Québec

Source: www.bottinregional.com

Le peuplement de Charlevoix a commencé en 1675 lorsque des colons de la Côte de Beaupré, près de la ville de Québec, sont venus s'y installer. La migration vers Charlevoix se caractérise alors par son aspect familial d'où la présence d'un fort apparentement proche chez 62% de ses premiers fondateurs. La majorité des fondateurs de Charlevoix sont originaires du Québec (presque 91%) dont 60% viennent de la Côte-de-Beaupré, de la ville de Québec et de l'Île d'Orléans (Jetté et al., 1991).

Le peuplement de la région est divisé en 3 périodes: la première qui s'étend jusqu'à la Conquête et se caractérise par l'ouverture de quatre paroisses sur le littoral ouest: Baie-Saint-Paul (1681), Les Éboulements (1733), Petite-Rivière-Saint-François (1733) et l'Ile-aux-Coudres (1741); la seconde période, après la Conquête, est connue pour l'arrivée d'immigrants britanniques, l'ouverture de la paroisse Saint-Etienne de La Malbaie en 1774 et l'établissement de quelques acadiens suite à la Déportation en 1755. À la troisième période, le poids démographique produit dans les territoires déjà peuplés entraine un autre courant de colonisation et l'ouverture de nouvelles paroisses: Saint-Urbain (1827), Sainte-Agnès (1833) et Saint-Irénée (1843) ainsi que l'émigration vers le Saguenay où les terres sont plus vastes et de meilleure qualité pour l'agriculture et où les forêts sont favorables à l'industrie du bois (Jetté et al., 1991). À cette époque, le territoire saguenayen était occupé par deux groupes d'autochtones, les Montagnais (ou Innus) et les Attikameks qui, ensemble, formaient une communauté de près de 300 personnes (Bouchard et De Braekeleer, 1992). Actuellement, une communauté Innue réside à Mashteuiatsh au Lac-Saint-Jean et compte près de 2000 Montagnais. De 1838 à 1871, près de 80% des immigrants arrivent de Charlevoix (surtout de La Malbaie, de Baie-St-Paul et des Éboulements), 18% du Bas-St-Laurent et de Québec, et 2% provenaient de l'extérieur du Québec actuel. De 1872 à 1901, de nouvelles paroisses s'ouvrent à partir de celles déjà établies. Le nombre d'immigrants continue à augmenter jusqu'en 1911 atteignant plus de 28 000 entrants (Bouchard et De Braekeleer, 1992). Après 1911, la croissance démographique s'est accélérée avec l'industrialisation (l'ouverture des usines de papiers et d'aluminium) et l'urbanisation qui ont attiré des immigrants d'autres origines (Roy et al., 1991).

Malgré un solde migratoire négatif depuis 1870, cette nouvelle population s'est accrue rapidement à cause des taux de fécondité élevés; elle est ainsi passée de 5000 habitants en 1852 à 10 000 en 1861, à 50 000 en 1911, atteignant 273 461 en 2011, après avoir atteint un sommet de 292 473 en 1991 (Roy et al., 1991; ISQ, 2011).

La « parenté étroite » entre Charlevoix et Saguenay, déjà observée à partir des traits génétiques communs aux deux régions, a été prouvée par Jetté et al. en 1991 en démontrant que tous les fondateurs de Charlevoix mariés avant 1725, sans exception, ont au moins un descendant marié au Saguenay avant 1880. Après 1725, la proportion des fondateurs de Charlevoix ayant au moins un descendant marié au SLSJ baisse progressivement et lentement avec le temps pour atteindre 54% au dernier quart du 19e siècle.

2.2 Nature et source des données

L'échantillon étudié est formé de 64 individus porteurs de la mutation LDLR-W66G, suivis au Centre d'études cliniques ECOGENE-21, lequel est situé au Centre hospitalier universitaire régional de Chicoutimi.

Tableau 2.1
Répartition des sujets selon leur période de naissance et leur sexe

Période de naissance	Hommes (%)	Femmes (%)	Total (%)
1920-1929	1 (4)	0 (0)	1 (2)
1930-1939	3 (11)	7 (19)	10 (16)
1940-1949	10 (36)	11 (31)	21 (33)
1950-1959	7 (25)	13 (36)	20 (31)
1960-1969	7 (25)	4 (11)	11 (17)
1970-1979	0 (0)	1 (3)	1 (2)
Total	28 (100)	36 (100)	64 (100)

Les 36 femmes et 28 hommes qui composent l'échantillon sont nés au SLSJ entre 1920 et 1971 et leur distribution selon leur lieu de naissance est comparable à celle de la population dans son ensemble (tableau 2.1, figure 2.2 et annexe 1).

Un groupe témoin a été formé à partir du fichier BALSAC-RÉTRO afin de mener une étude démogénétique comparative. Dans le but de jumeler les témoins aux sujets, chaque individu témoin a été choisi en fonction de 3 critères d'appariement: le sexe, la ville et l'année de naissance. Aucune analyse clinique ou génétique n'a été effectuée pour les individus témoins. Il est ainsi impossible de savoir s'il existe parmi eux des individus porteurs de la mutation LDLR-W66G ou non.

Figure 2.2 : Distribution géographique des sujets dans la région du Saguenay-Lac-St-Jean, selon leur lieu de naissance

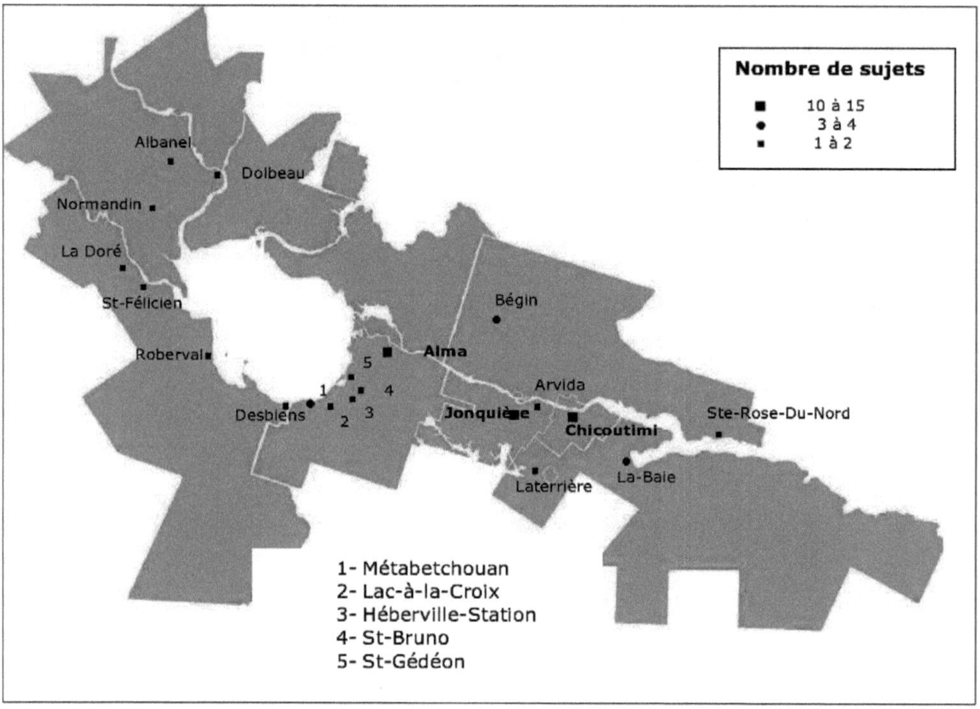

1- Métabetchouan
2- Lac-à-la-Croix
3- Héberville-Station
4- St-Bruno
5- St-Gédéon

Source: http://commons.wikimedia.org/wiki/Saguenay-Lac_Saint-Jean.svg

2.3 Analyses génétiques

Un échantillon sanguin de chaque sujet porteur a été prélevé dans un tube contenant un anticoagulant standard, l'EDTA. L'extraction de l'ADN à partir des leucocytes et sa purification ont été réalisées avec la trousse QUIAGEN Genomic-tip 100/G enfermant les colonnes et les réactifs, selon le protocole d'extraction d'ADN génomique et les instructions du fabricant. Le génotype des sujets a été analysé par la méthode PCR-RFLP *(Polymerase chain reaction - restriction fragment length polymorphism)* qui consiste en une amplification sélective du fragment d'ADN contenant le gène à étudier, l'hydrolyse de l'ADN en fragments par une enzyme de restriction spécifique qui coupe l'ADN au niveau d'une séquence qui lui est spécifique, et la séparation de ces fragments selon leur longueur par électrophorèse. Par la suite, les résultats obtenus ont été interprétés pour déterminer les génotypes.

2.4 Reconstitutions généalogiques

Les généalogies des sujets ont été reconstituées à partir des renseignements fournis par l'individu, soit sa date et son lieu de naissance, les noms et prénoms de ses parents, de ses grands-parents ainsi que leurs dates et lieux de mariage. Ces informations ont servi à commencer la reconstitution des ascendances. Pour les témoins, ces mêmes informations ont été obtenues de la banque de données du fichier BALSAC-RÉTRO.

Plusieurs sources ont été nécessaires pour la reconstitution des généalogies des sujets et des témoins jusqu'à l'arrivée des premiers arrivants ou fondateurs. Les principales sources consultées sont les suivantes:

1- Les fichiers de population BALSAC et BALSAC-RÉTRO (voir description dans les sections qui suivent);
2- Le Groupe BMS 2000 qui est le résultat de la participation de 24 sociétés de généalogie du Québec. Il fournit sur son site Internet des données généalogiques vérifiées (baptêmes, mariages et sépultures) depuis le début de la colonisation française du Québec jusqu'à la période actuelle (BMS 2000, 2011);
3- Les microfilms et recueils de l'Institut généalogique Drouin;
4- Le Registre de Population du Québec Ancien (RPQA) du Programme de recherche en démographie historique (PRDH) de l'Université de Montréal;
5- La Société de généalogie du Saguenay et les répertoires de mariages par paroisse, diocèse, ville ou comté.

À noter qu'une reconstitution généalogique est arrêtée dans les cas d'une adoption ou de parents inconnus.

2.4.1 Le fichier BALSAC

Le fichier de population BALSAC est une banque de données historiques, démographiques et généalogiques dont les travaux de construction couvrent la population du Québec depuis le début de la colonisation française jusqu'à présent. Ces travaux ont débuté en 1972 par un travail réalisé sur la région du Saguenay et qui consistait en la construction d'un fichier central contenant presque la totalité des personnes et des familles qui ont vécu dans la région depuis son ouverture à la colonisation en 1838. La reconstitution des données historiques, démographiques et généalogiques de la population du Saguenay a été effectuée à partir de 600 000 actes de baptême, de mariage et de sépulture de l'état civil saguenayen sur la période 1838-1971.

Après le Saguenay, les travaux ont couvert la région de Charlevoix et quelques régions de l'est du Québec, puis les autres régions ont suivi. L'objectif à terme est de poursuivre les travaux jusqu'à ce que soit couvert l'ensemble du Québec depuis le début du peuplement au 17e siècle jusqu'à présent. Une fois le fichier complété, il contiendra plus de 4,5 millions d'actes de l'état civil (dont 3,7 millions d'actes de mariage). En 2011, le fichier contenait 3 001 521 actes de l'état civil informatisés et saisis (2 154 707 mariages, 671 119 baptêmes et 175 695 sépultures) *« se rapportant à près de 5 millions d'individus et couvrant près de quatre siècles d'histoire »* (Vézina, 2011).

2.4.2 Le fichier BALSAC-RÉTRO

Le fichier BALSAC-RÉTRO est une base de données généalogiques faisant partie intégrante du fichier BALSAC. Il est utilisé comme outil de recherche dans différents projets en génétique des populations, en épidémiologie génétique et en démographie génétique. En 2010, le fichier RÉTRO comportait près de 484 000 individus et 251 000 couples dont 89% proviennent du fichier BALSAC. Le reste concerne en grande majorité des mariages célébrés hors du Québec ou des mariages récents retrouvés dans diverses sources et qui ne sont pas encore saisis dans BALSAC (Vézina, 2010).

2.5 Analyses généalogiques

Suite à la reconstitution généalogique, deux tables d'ascendances des sujets et des témoins ont été élaborées à partir desquelles toutes les analyses nécessaires à notre étude ont été accomplies. Les analyses généalogiques ont été exécutées à l'aide de GENLIB 8.3 qui est une bibliothèque de fonctions intégrées au logiciel statistique S-Plus 8.1 sous Windows de la compagnie TIBCO (le nouveau nom de la compagnie Insightful Corporation). Cette librairie a été développée par le Groupe de Recherche Interdisciplinaire en démographie et épidémiologie Génétique (GRIG) et ses fonctions ont été créées pour réaliser les analyses des corpus généalogiques: les analyses descriptives et démogénétiques, des comparaisons par des tests statistiques et la visualisation des résultats par des représentations graphiques (GRIG, 2009).

2.5.1 Analyses descriptives des ascendances

Les analyses descriptives ont été effectuées à partir de l'identification des ancêtres dans chacune des deux tables d'ascendances. Les ancêtres ou bien les ascendants d'une généalogie sont tous les individus retrouvés dans cette généalogie à toutes les générations, sauf les individus de la génération 0 qui sont les EGOs, ou individus de départ ou sujets. La génération 1 sera, alors, celle des parents des EGOs.

Les mesures descriptives utilisées pour caractériser chacune des tables d'ascendances sont les suivantes:

- Nombre total d'ancêtres

C'est la somme de tous les ancêtres identifiés ou apparus dans la table d'ascendance; certains ancêtres identifiés peuvent apparaître plus d'une fois dans les généalogies, et ceci est lié à la composition de la population.

- *Nombre d'ancêtres distincts*

C'est le nombre d'ancêtres comptés une seule fois dans la table d'ascendance, indépendamment de leur nombre d'apparitions (Vézina et al., 2004).

- *Concentration des ancêtres ou occurrence moyenne des ancêtres*

C'est le nombre moyen d'apparitions des ancêtres c'est-à-dire le rapport du nombre total d'ancêtres apparus sur le nombre d'ancêtres distincts; ce rapport est égal à 1 lorsque tous les individus identifiés dans la table d'ascendances sont distincts.

- *Profondeur généalogique (ou génération) maximale atteinte*

C'est la génération où il y a interruption des branches généalogiques.

- *Profondeur généalogique moyenne*

Cet indice peut être considéré comme « une mesure du degré d'enracinement des ascendances dans un territoire donné. Elle donne la valeur moyenne de la génération des fondateurs d'une table d'ascendances (Cazes et Cazes 1996) » (Jomphe et al., 2002). Elle se calcule sur un ensemble d'ascendances (profondeur généalogique totale) ou sur une ascendance unique (profondeur généalogique par ascendance) (Jomphe et al., 2002). Dans cette étude, elle est calculée sur chacune des ascendances d'après la formule suivante (Bherer, 2006):

$$P = \sum_{g=0}^{m} g \frac{B_g}{A_g}$$

La variance de cette distribution (Bherer, 2006) est égale à:

$$\sigma^2 = \sum_{g=0}^{m} g^2 \frac{B_g}{A_g} - \left(\sum_{g=0}^{m} g \frac{B_g}{A_g} \right)^2$$

où : g = niveau de génération

m = génération maximale

Bg = nombre de fondateurs à la génération g

Ag = nombre d'ancêtres attendus à la génération g

- *Complétude*

Cet indice permet de savoir à quel point la table d'ascendances est complète pour une génération donnée. L'indice de complétude d'une table d'ascendances, Cg, correspond au rapport du nombre total d'ancêtres connus (ascendants identifiés) sur le nombre d'ancêtres attendus, à chaque génération g. Pour une table d'ascendances de n généalogies, le nombre d'ancêtres attendus est calculé par la formule:

$$Ag = n \times 2^g$$

où g représente la génération à laquelle on effectue le calcul (la génération 1 étant celle des parents des sujets) (Jetté, 1991; Vézina et al., 2004).

$$C_g = \frac{\text{nombre d'ascendants identifiés à la génération } g}{\text{nombre d'ascendants attendus à la génération } g\ (A_g)}$$

Cg (en%) = Cg x 100

Où Cg = Complétude à la génération g
    g = Niveau de génération (Bherer, 2006; Jomphe et al., 2002)

- *Implexe des ancêtres (Ix)*

C'est le rapport du nombre des différents (ou nouveaux) ancêtres sur le nombre d'ancêtres attendus, à chaque génération x (Jetté, 1991). Il est calculé par la formule suivante (Jomphe et al., 2000):

$$I_x\ (\text{en \%}) = \frac{\text{Nb. d'ascendants différents à la génération } x}{\text{Nb. d'ascendants attendus à la génération } x} \quad (\times 100)$$

Où : Ix = Implexe à la génération x
      x = Niveau de génération

Les ascendants différents correspondent aux ancêtres qui n'ont jamais été mentionnés avant, ni à la génération où on calcule l'implexe, ni dans les générations précédentes; donc ce sont des ancêtres qui sont à leur première apparition dans l'ascendance.

L'implexe est parfois considéré comme étant un indice global de la parenté entre les divers sujets (ou individus de départ) d'un groupe d'ascendances. Plus l'implexe calculé est faible à une génération donnée et plus la parenté à cette génération est élevée (Jomphe et al., 2000).

2.5.2 Analyses démogénétiques

- Occurrence et recouvrement des ancêtres

L'occurrence d'un ancêtre est le nombre de fois que cet ancêtre apparaît dans une table d'ascendance (Jomphe et al., 2002). L'indice de recouvrement d'un ancêtre calcule le nombre de sujets (ou EGOs) distincts auxquels cet ancêtre contribue génétiquement. Donc, le calcul consiste à faire la somme de toutes les ascendances dans lesquelles il apparaît (Jomphe et al., 2002).

- Apparentement et consanguinité

Deux individus sont biologiquement apparentés, si l'un est l'ancêtre de l'autre ou bien s'ils ont au moins un ancêtre commun dans leur ascendance (Jomphe et al., 2002). En 1948, Malécot a montré que le coefficient d'apparentement (Phi) entre deux individus i et j est la probabilité que deux allèles choisis au hasard chez i et j soient identiques et proviennent d'un même locus de l'ancêtre commun.

La consanguinité est la conséquence de croisements entre deux personnes apparentées. L'enfant issu d'une telle union est dit consanguin. Le coefficient de consanguinité de cet enfant est la probabilité qu'il ait hérité deux allèles identiques à un même locus (homozygotie), par descendance, l'un transmis par son père et l'autre par sa mère (Jomphe et al., 2002; Jetté, 1991). Donc un mariage entre apparentés favorise l'homozygotie chez leurs enfants et par conséquent la possibilité d'apparition de maladies récessives.

Pour calculer le coefficient de consanguinité d'un sujet B, il suffit de calculer le coefficient d'apparentement existant entre ses parents (i et j) d'après la formule suivante (Thompson, 1986):

$$\Phi_{i,j} = \sum_A \sum_P (1/2)^k (1+F(A))$$

où:

A = tous les ancêtres communs à i et j,

P = tous les chemins généalogiques reliant i à j et passant par l'ancêtre A,

K = nombre d'individus dans le chemin P,

F(A) = coefficient de consanguinité de A = coefficient d'apparentement des parents de A.

Le coefficient moyen d'apparentement est la moyenne de tous les coefficients d'apparentement entre les individus pris deux à deux. Il est calculé par la formule suivante:

Phi moyen= somme de Phi / Nb. de paires d'EGOs

où le nombre de paires d'EGOS correspond au nombre total de coefficients d'apparentement, y compris les coefficients nuls, et qui est calculé selon deux manières différentes :

soit (Nb. d'EGOs) (Nb. d'EGOs-1)/2 dans le cas d'un apparentement intragroupe c'est-à-dire un apparentement entre les individus d'un même groupe; dans cette étude, le nombre de sujets est 64, donc il existe 2 016 paires de sujets possibles. Même chose pour le groupe des témoins puisqu'il est composé aussi de 64 individus;

soit (Nb. d'EGOs dans groupe 1) (Nb. d'EGOs dans groupe 2) dans le cas d'un apparentement intergroupe c'est-à-dire un apparentement qui représente les liens de parenté entre les individus d'un groupe et ceux d'un autre groupe; donc 4 096 est le nombre de toutes les paires possibles entre le groupe de sujets porteurs de la mutation LDLR-W66G et celui des témoins.

Le coefficient moyen de consanguinité pour un groupe de sujets est la moyenne de tous les coefficients de consanguinité. Il est calculé par la formule suivante:

$$Fmoyen = \sum F / \text{nombre total de sujets (Jomphe et al., 2002)}$$

où le dénominateur est le nombre total de sujets (EGOs) qu'ils soient consanguins ou non.

Notons que les calculs des coefficients de consanguinité et d'apparentement sont exécutés par génération afin de pouvoir observer l'évolution des liens de parenté entre les ancêtres à chaque profondeur générationnelle.

Un test statistique de permutation est nécessaire pour comparer les coefficients moyens d'apparentement intragroupe et intergroupe. Ce test est applicable dans le cas de deux groupes appariés issus d'une même population (ancêtres communs). Il contrôle la dépendance entre les coefficients. La statistique du test est la différence des coefficients moyens d'apparentements entre les groupes comparés (phi1 - phi2). La valeur de p (le niveau de signification de la statistique) est obtenue en effectuant 5000 permutations. Le niveau de confiance du test est 0,05. La dépendance est contrôlée d'abord par la permutation des 2 groupes de cas et témoins puis le calcul de tous les coefficients d'apparentement. Toutes les valeurs de p inférieures à 0,05 sont interprétées comme un rejet de l'hypothèse nulle (Ho: il y a absence de différences entre les coefficients moyens) et une acceptation de l'hypothèse H1 (il y a différence entre les coefficients moyens d'apparentements) (Lavoie et al., 2005).

- *Contribution génétique d'un ancêtre.*

La contribution génétique d'un ancêtre est la probabilité qu'un gène sélectionné au hasard provenant de cet ancêtre soit transmis à un sujet; elle correspond à la proportion des gènes d'un sujet qui provient de cet ancêtre.

Dans une table d'ascendances, on calcule la contribution génétique totale d'un ancêtre qui est la somme des contributions génétiques de cet ancêtre à chacun des sujets; elle se calcule selon la formule suivante (Heyer et Tremblay, 1995):

$$CG = \sum_{i=1}^{p} \sum_{j=1}^{c} \left(\frac{1}{2}\right)^{g_{i,j}}$$

Où:
p = le nombre de sujets reliés à un ancêtre donné
c = le nombre de chemins généalogiques entre un ancêtre et un sujet
$g_{i,j}$ = le nombre de générations séparant l'ancêtre et le sujet i dans le chemin généalogique j.

La contribution génétique d'un ancêtre dépend donc de son occurrence dans la table d'ascendances et du nombre de générations qui séparent cet ancêtre et le sujet de la table d'ascendances. Plus la fréquence d'apparition d'un ancêtre est grande dans les généalogies d'un groupe de sujets, plus sa contribution génétique sera importante ainsi que son impact sur le patrimoine génétique de ce groupe.

Dans un chemin généalogique donné, plus le nombre de génération est petit, plus la probabilité de transmission est élevée.

La contribution génétique est un indice souvent utilisé dans les analyses démogénétiques car selon Heyer et Tremblay (1995), elle résume tous les événements démographiques (nuptialité, fécondité, mortalité et migration) qui ont eu lieu chez les descendants d'un fondateur.

2.5.3 Les fondateurs régionaux et immigrants

Un fondateur est un ancêtre ayant introduit un gène dans une population (Bouchard et De Braekeleer, 1991). Il est le dernier ancêtre identifié dans une lignée ascendante; donc il représente la fin de la lignée (Jetté, 1991). Un semi-fondateur est un ancêtre dont un seul parent est connu. Les analyses effectuées dans le cadre de cette étude portent sur deux types de fondateurs: les fondateurs régionaux et les fondateurs immigrants. Les fondateurs régionaux sont les premiers ancêtres de leur lignée mariés au SLSJ; leurs origines géographiques sont déterminées d'après le lieu de mariage de leurs parents qui sont mariés hors du SLSJ (Lavoie et al., 2005). Un semi-fondateur régional est un fondateur régional dont l'un de ses parents est originaire du SLSJ. Les fondateurs immigrants sont les premiers arrivants en sol québécois identifiés dans toutes les lignées d'une table d'ascendances; leurs origines géographiques ont été déterminées à partir des informations disponibles sur leurs lieux de mariage, de naissance ou d'émigration (Vézina et al., 2005).

Les fondateurs régionaux et immigrants ont été regroupés selon leur origine et leur période de mariage. Des estimations ont été effectuées pour quelques dates de mariage manquantes. Dans ce cas, l'année de mariage a été calculée en soustrayant 30 ans de l'année moyenne de mariage des enfants. Cette durée de 30 ans correspond à l'intervalle intergénérationnel moyen (Tremblay et Vézina, 2000).

L'analyse de l'occurrence, du recouvrement et de la contribution génétique différentielles de ces fondateurs fournira des informations pertinentes concernant leurs apports respectifs aux pools géniques des sujets et des témoins. Les résultats de ces analyses devraient apporter un nouvel éclairage à propos des origines et de l'introduction de la mutation LDLR-W66G dans la population du SLSJ.

CHAPITRE 3 : RÉSULTATS

3.1 Analyses généalogiques descriptives

Les 2 corpus généalogiques (cas et témoins) sont décrits afin de déterminer et de comparer leurs caractéristiques générales, la complétude de leurs ascendances, l'implexe de leurs ancêtres et leur profondeur généalogique moyenne. Tous ces résultats aident à connaître les limites des données nécessaires aux analyses généalogiques ultérieures.

3.1.1 Caractéristiques des généalogies

Le tableau 3.1 présente les résultats des mesures descriptives qui caractérisent chacun des deux corpus (cas et témoins) de 64 généalogies.

Tableau 3.1
Caractéristiques générales des corpus généalogiques (cas et témoins)

Paramètres descriptifs	Cas	Témoins	*Cas /Témoins*
Nombre de généalogies	64	64	*1*
Nombre total d'ancêtres (1)	315 556	307 262	*1,03*
Nombre d'ancêtres distincts (2)	16 118	19 618	*0,82*
Concentration des ancêtres (1)/(2)	19,58	15,66	*1,25*
Profondeur généalogique moyenne	10,66	10,45	*1,02*
Écart-type	1,43	1,60	*0,89*
Profondeur généalogique maximale	16	16	*1,00*

Plus de 300 000 ancêtres ont été retrouvés dans chaque corpus généalogique, mais beaucoup de ces ancêtres apparaissent plus d'une fois. Chez les cas, le nombre total d'ancêtres est plus élevé que chez les témoins et le nombre d'ancêtres distincts est plus faible, ce qui explique la plus forte valeur d'occurrence moyenne parmi les ancêtres des sujets (près de 20 apparitions par ancêtre). La profondeur généalogique moyenne atteint plus de 10 générations dans les deux cas. La profondeur généalogique maximale atteinte est de 16 chez les deux groupes.

3.1.2 La complétude des généalogies

Plus de 80% des ancêtres ont été identifiés jusqu'à la 10e génération, soit une période d'environ 300 ans (figure 3.1 et annexe 3). À chaque génération, l'indice de complétude est légèrement inférieur chez les témoins. À partir de la 11e génération, il diminue brusquement pour atteindre une valeur de 0,05% à la 14e génération. Cette chute brusque de l'indice de complétude s'explique par l'interruption des reconstitutions généalogiques à la période d'établissement des premiers fondateurs de la Nouvelle-France.

Figure 3.1
Indice de complétude par génération pour l'ensemble des cas et des témoins

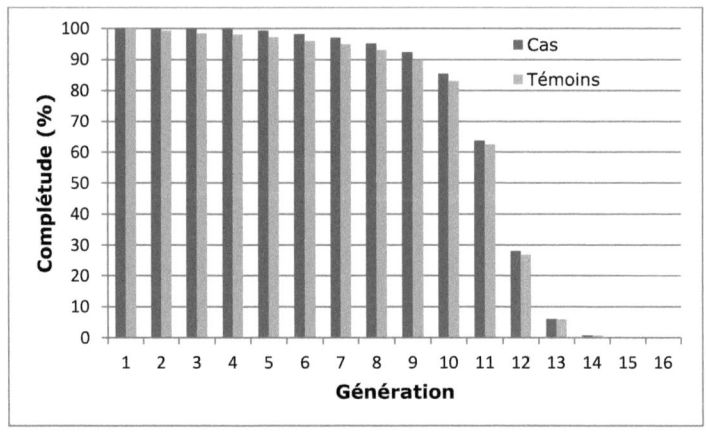

3.1.3 L'implexe des ancêtres

La figure 3.2 présente l'implexe des ancêtres par génération pour chacun des deux corpus généalogiques (les valeurs correspondantes se trouvent à l'annexe 3). On remarque que la proportion des nouveaux ancêtres est légèrement plus élevée chez les cas jusqu'à la 8⁰ génération; puis elle tend à être égale ou un peu plus élevée chez les témoins à partir de la 9⁰ génération. Plus on remonte les générations, plus l'implexe diminue c'est-à-dire plus le nombre d'individus étant apparus plus d'une fois dans les généalogies augmente. À la 7⁰ génération, plus de 80% des ancêtres sont des nouveaux entrants dans les généalogies. À partir de la 8⁰ génération, l'implexe diminue plus rapidement pour devenir presque nul dès la 14⁰ génération.

Figure 3.2
Implexe des ancêtres par génération pour l'ensemble des cas et des témoins

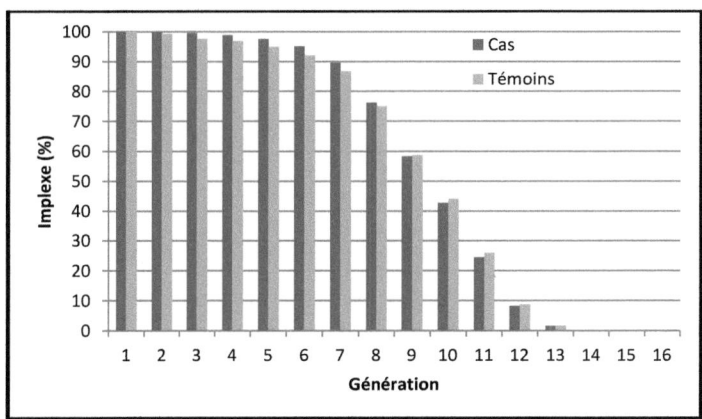

3.1.4 Profondeur généalogique

Le tableau 3.2 présente les classes des valeurs des profondeurs généalogiques moyennes (PGM) et les fréquences absolues chez les cas et les témoins (les valeurs des PGM avec l'écart type correspondant pour les 128 généalogies pour les cas et les témoins se trouvent à l'annexe 4).

Nous remarquons qu'il existe 61 généalogies (95%) chez les cas et 58 (91%) chez les témoins qui montrent une valeur assez grande de la PGM comprise entre 9,60 et 11,79 générations; plus de la moitié de ces ascendances ont une PGM qui appartient à l'intervalle [10,33 – 11,06). La plus haute valeur de PGM est identifiée dans [11,06–

11,79). Elle est observée dans 15 généalogies du corpus des cas et dans 11 de celui des témoins.

Tableau 3.2
Classes des profondeurs généalogiques moyennes et les fréquences absolues chez les cas et les témoins

Classe	Intervalle	Fréquence absolue	
		Cas	Témoins
1	[5,95 – 6,68)	0	2
2	[6,68 – 7,41)	0	0
3	[7,41 – 8,14)	0	0
4	[8,14 – 8,87)	0	1
5	[8,87 – 9,60)	3	3
6	[9,60 – 10,33)	15	14
7	[10,33 – 11,06)	31	33
8	[11,06 – 11,79)	15	11
Total		64	64

Chez les cas, la plus basse valeur de PGM, rapportée à l'intervalle [8,87– 9,60), est beaucoup plus grande à celle du groupe des témoins qui se trouve dans l'intervalle [5,95 – 6,68). Les résultats de la PGM justifient l'indice de la complétude générationnelle plus élevé dans la cohorte des cas que dans celle des témoins et montrent que la majorité des ancêtres des deux tables d'ascendances sont arrivés il y a plus de 10 générations environ.

3.2 Analyses généalogiques démogénétiques

C'est la 2e partie des analyses généalogiques qui permet d'étudier, dans un premier temps, l'occurrence et le recouvrement des ancêtres des ascendances des cas et des témoins, l'apparentement intra et intergroupe et la consanguinité de ces ancêtres par le calcul des coefficients correspondants. Dans un deuxième temps, les caractéristiques des fondateurs régionaux et immigrants seront analysées en calculant leurs indices d'occurrence et de recouvrement, leur origine et leur contribution génétique par période de mariage afin de tenter d'identifier le ou les ancêtres fondateurs responsables de l'introduction de la mutation W66G au SLSJ.

3.2.1 L'occurrence et le recouvrement des ancêtres

Le tableau 3.3 montre le nombre des ancêtres spécifiques et communs aux cas et aux témoins ainsi que le calcul de leur nombre d'apparitions correspondant. Dans le corpus des cas, il y a 16 118 ancêtres distincts parmi lesquels 5 552 (34,5%) sont identifiés seulement dans les généalogies des cas et sont nommés spécifiques aux cas. Dans la table d'ascendances des témoins, le nombre d'ancêtres distincts s'élève à 19 618 dont 9 052 (46,1%) sont spécifiques aux témoins. Les 10 566 individus retrouvés à la fois dans les généalogies des deux corpus présentent un nombre d'occurrences qui peut être différent selon qu'ils appartiennent aux généalogies des cas ou à celles des témoins.

Tableau 3.3
Distribution des ancêtres selon leur spécificité et leur nombre d'occurrences parmi les généalogies des cas et des témoins

Occurrence	Cas			Témoins		
	Spécifiques n (%)	Communs n (%)	Total n (%)	Spécifiques n (%)	Communs n (%)	Total n (%)
1	4615 (83,1)	3066 (29,0)	7681 (47,7)	7170 (79,2)	2726 (25,8)	9896 (50,4)
2 à 3	838 (15,1)	2610 (24,7)	3448 (21,4)	1656 (18,3)	2614 (24,7)	4270 (21,8)
4 à 10	99 (1,8)	2310 (21,9)	2409 (14,9)	221 (2,4)	2552 (24,2)	2773 (14,1)
11 à 30		1303 (12,3)	1303 (8,1)	5 (0,1)	1356 (12,8)	1361 (6,9)
31 à 60		535 (5,1)	535 (3,3)		524 (5,0)	524 (2,7)
61 à 100		315 (3,0)	315 (1,9)		370 (3,5)	370 (1,9)
101 à 1000		367 (3,5)	367 (2,3)		366 (3,5)	366 (1,9)
1001 à 3300		60 (0,6)	60 (0,4)		58 (0,5)	58 (0,3)
Total	5552	10566	16118	9052	10566	19618

Parmi les ancêtres spécifiques aux cas ou aux témoins, 83% chez les cas et 79% chez les témoins apparaissent une seule fois dans les généalogies; aucun ancêtre spécifique n'apparaît plus que 10 fois chez les cas.

Chez les ancêtres communs et dans les deux corpus, le nombre d'occurrences atteint des valeurs beaucoup plus élevées que chez les ancêtres spécifiques: 25% des individus apparaissent plus que 10 fois, dont la moitié entre 11 et 30 fois. Le nombre d'individus communs cités entre 1001 et 3300 fois est de 60 (0,6%) et 58 (0,5%) respectivement chez les cas et les témoins.

Le recouvrement indique le nombre de sujets auxquels un ancêtre est relié. Il correspond au nombre de généalogies où apparaît cet ancêtre, indépendamment de son occurrence. Un ancêtre apparaît certainement au moins une fois quand il recouvre une généalogie; mais apparaissant plus d'une fois, un ancêtre ne recouvre pas nécessairement plus d'une généalogie, puisqu'il peut apparaître plus d'une fois dans la même généalogie.

Tableau 3.4
Distribution des ancêtres selon leur spécificité et leur recouvrement parmi les généalogies des cas et des témoins

Sujets recouverts	Cas			Témoins		
	Spécifiques	Communs	Total	Spécifiques	Communs	Total
	n (%)	n (%)	n (%)	n (%)	n (%)	n (%)
1	4818 (86,8)	3495 (33,1)	8313 (51,6)	7540 (83,3)	3077 (29,1)	10617 (54,1)
2 à 3	676 (12,2)	2568 (24,3)	3244 (20,1)	1384 (15,3)	2759 (26,1)	4143 (21,1)
4 à 10	58 (1,0)	2237 (21,2)	2295 (14,2)	128 (1,4)	2427 (23,0)	2555 (13,0)
11 à 30		1343 (12,7)	1343 (8,3)		1374 (13,0)	1374 (7,0)
31 à 60		683 (6,5)	683 (4,2)		780 (7,4)	780 (4,0)
61 à 63		109 (1,0)	109 (0,7)		128 (1,2)	128 (0,7)
64		131 (1,2)	131 (0,8)		21 (0,2)	21 (0,1)
Total	5552	10566	16118	9052	10566	19618

On peut donc comprendre que les individus ayant un recouvrement de 1 sont plus nombreux que les individus ayant une occurrence de 1.

Le tableau 3.4 montre chez les ancêtres spécifiques aux cas ou aux témoins que la majorité des ancêtres sont cités dans une seule généalogie et qu'aucun ancêtre spécifique n'est retrouvé dans plus de 10 généalogies. Chez les ancêtres communs, environ 21 % des individus recouvrent entre 11 et 64 sujets dont plus de la moitié recouvre entre 11 et 30 sujets; on compte 131 individus (1,2%) parmi les ancêtres du corpus des cas et 21 individus (0,2%) parmi ceux du corpus des témoins qui apparaissent dans toutes les généalogies du groupe, ainsi que 20 (0,2%) individus communs qui recouvrent les 128 généalogies.

3.2.2 Apparentement et Consanguinité

Les coefficients d'apparentement et de consanguinité ont été calculés à chaque génération dans les deux corpus généalogiques des cas et des témoins.

3.2.2.1 Apparentement intragroupe et intergroupe

Les coefficients moyens d'apparentement intragroupe et intergroupe par génération pour l'ensemble des cas et des témoins sont présentés dans la figure 3.3 (les valeurs correspondantes se retrouvent à l'annexe 5). Les cinq premières générations montrent des liens de parenté qui sont relativement faibles, les coefficients étant inférieurs à 0,001. Entre la 6e et la 11e génération, un fort accroissement se produit. À partir de la 12e génération une augmentation négligeable des coefficients est observée à cause du nombre important de branches généalogiques interrompues. À cette profondeur, presque tous les individus partagent au moins un ancêtre. Ces liens de parenté éloignés se rapportent aux premiers fondateurs de la population du Québec (17e - 18e siècles).

Sauf pour la première génération (les parents), où il n'y a pas de lien généalogique parmi les sujets ou les témoins, les coefficients moyens d'apparentement sont toujours plus élevés chez les cas que chez les témoins (p<0,05).

Figure 3.3
Coefficients moyens d'apparentement intragroupe et intergroupe par génération pour l'ensemble des cas et des témoins

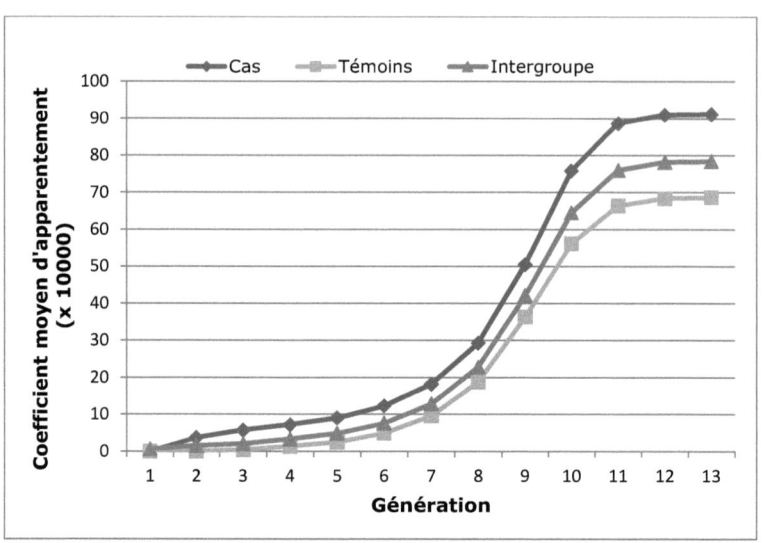

La courbe des coefficients d'apparentement intergroupe par génération entre les cas et les témoins se situe à peu près à mi-chemin entre celles des coefficients d'apparentement intragroupe. Ceci est lié à la sélection du groupe témoin basée sur des particularités communes avec le groupe des cas, soit la date et le lieu de naissance. Dans le calcul de l'apparentement intergroupe entre cas et témoins, des paires de sujets sont formées en liant chaque cas avec chaque témoin. La probabilité de retrouver des ancêtres communs aux deux sujets nés à la même année et venant de la même ville est beaucoup plus grande qu'entre deux sujets d'âge et de provenance différents. Les coefficients moyens d'apparentement entre les cas et les témoins sont ainsi plus grands que dans le groupe des témoins; mais ces coefficients sont toujours plus bas que dans la cohorte des cas qui est caractérisée par un apparentement plus élevé.

3.2.2.2 Consanguinité

La figure 3.4 montre des coefficients de consanguinité plus élevés dans le corpus des témoins, de la 3ᵉ à la 9ᵉ génération. Cet écart résulte principalement des boucles généalogiques à la 3ᵉ et la 4ᵉ génération dont le nombre est le double dans la cohorte de témoins. Deux sujets témoins sont issus d'un mariage entre cousins germains (F= 0,0625) et deux autres sont nés d'un mariage entre deux cousins issus de germains (F=0,0156); cependant chez les cas, on observe une boucle généalogique à la 3ᵉ génération (F=0,0625) chez un seul sujet et une autre boucle à la 4ᵉ génération (F=0,0156) chez un autre sujet (figure 3.5). Cet écart diminue avec l'augmentation de la profondeur générationnelle pour devenir nul à la 10ᵉ génération. Un fort accroissement est observé entre la 6ᵉ et la 11ᵉ génération dans les deux corpus.

Figure 3.4
Coefficients moyens de consanguinité par génération pour l'ensemble des cas et des témoins

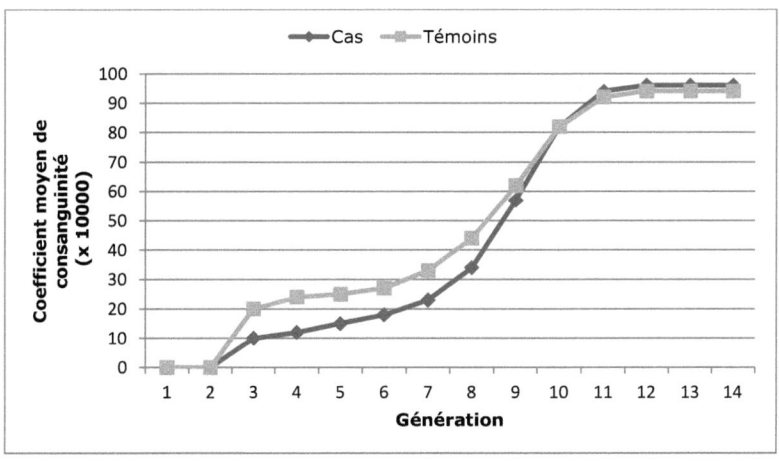

À partir de la 11ᵉ génération on observe une augmentation négligeable de la consanguinité pour atteindre un plateau avec des valeurs un peu plus grandes chez les cas.

Pour toutes les générations, les coefficients de consanguinité sont plus élevés que les coefficients d'apparentement ce qui signifie que l'apparentement est généralement plus grand entre les conjoints qu'entre les individus de la population (les valeurs correspondantes se retrouvent à l'annexe 6).

La figure 3.5 montre que la proportion des sujets qui sont issus d'une union consanguine est légèrement plus grande chez les cas à partir de la 5e génération; presque 70% des sujets des deux corpus sont consanguins à la 7e génération. À partir de la 10e génération, tous les sujets porteurs (64) et 97% (62) des sujets témoins sont consanguins (voir les valeurs correspondantes à l'annexe 6).

Figure 3.5
Proportion d'individus (%) issus d'une union consanguine par génération pour l'ensemble des cas et des témoins

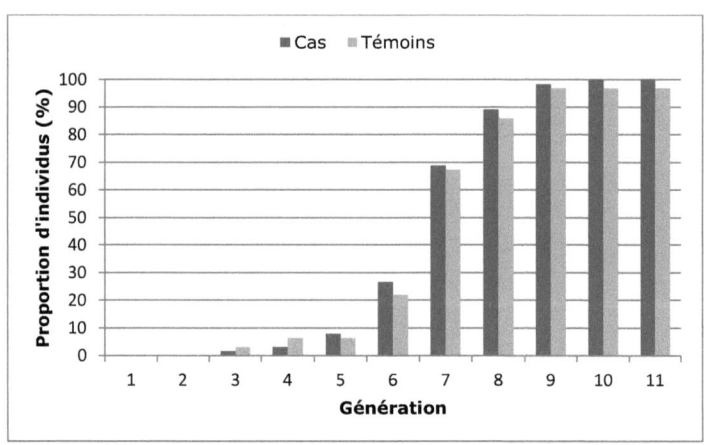

3.3 Fondateurs régionaux

Rappelons qu'un fondateur régional est le premier individu de sa lignée marié au SLSJ. Son origine est déterminée à partir du lieu de mariage de ses parents.

Le tableau 3.5 montre que le nombre de fondateurs régionaux distincts (comptés une seule fois) identifiés est 472 chez les cas et 505 chez les témoins; 96 fondateurs sont communs aux deux groupes, 376 sont spécifiques aux cas et 409 sont spécifiques aux témoins. On constate donc une faible proportion de fondateurs communs (environ 20%) et une grande proportion de fondateurs spécifiques.

La contribution génétique des 96 fondateurs régionaux qui sont communs aux deux groupes est relativement faible, soit moins du cinquième du pool génique dans les deux cas.

Tableau 3.5

Nombre (%) et CGT (%) des fondateurs régionaux spécifiques et communs aux cas et aux témoins

	Cas			Témoins		
	Spécifiques	Communs	Total	Spécifiques	Commun	Total
n	376	96	472	409	96	505
(%)	(79,7)	(20,3)	(100)	(81,0)	(19,0)	(100)
CGT	50,84	12,00	62,84	52,09	9,69	61,78
(%)	(80,9)	(19,1)	(100)	(84,3)	(15,7)	(100)

n : nombre de fondateurs; CGT : contribution génétique totale des fondateurs

Le tableau 3.6 montre que parmi les 881 fondateurs régionaux, il y a 462 hommes (52%) et 419 (48%) femmes. Les mêmes pourcentages sont observés dans le corpus des fondateurs spécifiques aux témoins. Chez les fondateurs spécifiques aux cas et chez les fondateurs communs aux deux corpus, la proportion des hommes augmente à 53 % et celle des femmes diminue à 47%. Ce faible déséquilibre observé entre hommes et femmes démontre les courants migratoires familiaux qui ont eu lieu à partir de 1838 vers le Saguenay–Lac-Saint-Jean.

Tableau 3.6
Distribution des fondateurs et fondatrices régionaux spécifiques et communs aux cas et aux témoins

	Hommes	Femmes	Total
Spécifiques – cas	199 (53%)	177 (47%)	376 (100%)
Spécifiques – témoins	212 (52%)	197 (48%)	409 (100%)
Communs (cas et témoins)	51 (53%)	45 (47%)	96 (100%)
Total	462 (52%)	419 (48%)	**881 (100%)**

3.3.1 Occurrence et recouvrement

D'après le tableau 3.7, on peut constater que plus de 80% des fondateurs régionaux n'apparaissent qu'une seule fois dans les généalogies des cas ou des témoins. Les fondateurs spécifiques qui apparaissent une seule fois dans la table d'ascendances représentent 85,7% des fondateurs spécifiques identifiés chez les cas et 91,5% chez les témoins. Les fondateurs communs aux deux groupes qui apparaissent une fois représentent 76,1% des fondateurs communs chez les cas et 78,1% chez les témoins.

La proportion des fondateurs spécifiques qui sont présents deux fois dans les généalogies est plus élevée chez les cas (11,4%) que chez les témoins (7,8%); alors que chez les ancêtres communs identifiés deux fois, le pourcentage est plus faible chez les cas (14,6%) que chez les témoins (19,8%). Chez les témoins, aucun fondateur régional spécifique ou commun n'est cité plus de trois fois; on constate la même chose pour les fondateurs spécifiques chez les cas. Chez les cas, trois (3,1%) fondateurs communs sont mentionnés quatre fois, trois (3,1%) autres le sont cinq fois et deux (2,1%) apparaissent 8 fois.

Donc, le corpus des cas est caractérisé par une proportion plus élevée de fondateurs régionaux qui apparaissent deux et trois fois ainsi que par la présence des fondateurs régionaux communs qui apparaissent quatre, cinq et huit fois. Ces résultats laissent penser que ces fondateurs pourraient être des porteurs de la mutation W66G qui a été transmise à une partie des sujets affectés.

Tableau 3.7

Distribution des fondateurs régionaux selon leur spécificité et leur nombre d'occurrences parmi les généalogies des cas et des témoins

Occurrence	Cas			Témoins		
	Spécifiques n (%)	Communs n (%)	Total n (%)	Spécifiques n(%)	Communs n (%)	Total n (%)
1	322 (85,7)	73 (76,1)	395 (83,7)	374 (91,5)	75 (78,1)	449 (88,9)
2	43 (11,4)	14 (14,6)	57 (12,1)	32 (7,8)	19 (19,8)	51 (10,1)
3	11 (2,9)	1 (1,0)	12 (2,6)	3 (0,7)	2 (2,1)	5 (1,0)
4		3 (3,1)	3 (0,6)			
5		3 (3,1)	3 (0,6)			
6						
7						
8		2 (2,1)	2 (0,4)			
Total	**376**	**96**	**472**	**409**	**96**	**505**

n : nombre de fondateurs

Le tableau 3.8 montre que la grande majorité des fondateurs régionaux ne recouvrent qu'un seul sujet (85,0% chez les cas et 90,3% chez les témoins). Chez les témoins, aucun fondateur commun n'est lié à plus de deux sujets.

En comparant les tableaux 3.7 et 3.8, nous remarquons que le nombre d'occurrences des fondateurs régionaux est égal au nombre de sujets recouverts par ces fondateurs chez tous les individus apparus trois fois et plus dans la cohorte des cas et chez les fondateurs spécifiques cités trois fois de la cohorte des témoins. Il existe chez les cas quelques fondateurs qui apparaissent deux fois dans l'ascendance d'un seul sujet alors que dans la cohorte des témoins, il y a deux fondateurs communs qui apparaissent trois fois dans la même généalogie.

Tableau 3.8

Distribution des fondateurs régionaux selon leur spécificité et leur recouvrement parmi les généalogies des cas et des témoins

Sujets recouverts	Cas			Témoins		
	Spécifiques n (%)	Communs n (%)	Total n(%)	Spécifiques n (%)	Communs n (%)	Total n (%)
1	326 (86,7)	75 (78,1)	401 (85,0)	379 (92,7)	77 (80,2)	456 (90,3)
2	39 (10,4)	12 (12,5)	51 (10,8)	27 (6,6)	19 (19,8)	46 (9,1)
3	*11 (2,9)*	*1 (1,1)*	*12 (2,5)*	*3 (0,7)*		*3 (0,6)*
4		*3 (3,1)*	*3 (0,6)*			
5		*3 (3,1)*	*3 (0,6)*			
6						
7						
8		*2 (2,1)*	*2 (0,5)*			
Total	376	96	472	409	96	**505**

n : nombre de fondateurs

3.3.2 Origine et contribution génétique

La majorité des fondateurs régionaux proviennent de trois paroisses de Charlevoix: La Malbaie, Baie-St-Paul et Les Éboulements (tableau 3.9). Ensemble, ces trois paroisses représentent 68,7% des fondateurs régionaux pour les cas et 64,0% pour les témoins; à elle seule La Malbaie fournit 31,6% et 28,5% respectivement chez les cas et les témoins. Au total, la région de Charlevoix fournit respectivement 84,3% et 78,8% des fondateurs régionaux chez les cas et les témoins. Des paroisses de la Côte-du-Sud ont contribué à fournir des fondateurs au SLSJ dans un pourcentage de 7,0% et 8,5% respectivement chez les cas et les témoins. Le reste des fondateurs régionaux sont originaires d'autres régions du Québec ou bien d'autres pays. Les indéterminés sont des fondateurs qui ont été adoptés ou pour lesquels on manque d'informations sur le lieu de mariage de leurs parents (leur origine).

Ces résultats ne sont pas suffisants pour évaluer la participation de ces fondateurs au pool génique (ensemble des gènes) des individus de départ des ascendances (sujets).

Tableau 3.9

Distribution, contribution génétique totale et contribution génétique moyenne des fondateurs régionaux parmi les généalogies des cas et des témoins, selon leur origine

Région d'origine	Cas					Témoins				
	N	%	CGT	CGM	CGT (%)	n	%	CGT	CGM	CGT (%)
La Malbaie	149	31,6	16,6	0,11	26,5	144	28,5	14,8	0,10	23,9
Baie St-Paul	135	28,6	17,1	0,13	27,3	119	23,6	11,6	0,10	18,8
Les Éboulements	40	8,5	4,6	0,12	7,3	60	11,9	6,2	0,10	10,0
Ste-Agnès	25	5,3	5,1	0,21	8,2	35	6,9	4,8	0,14	7,8
St-Urbain-De-Charlevoix	17	3,6	1,6	0,10	2,6	10	2,0	1,6	0,16	2,6
Petite-Rivière-St-François	11	2,3	1,1	0,10	1,7	6	1,2	0,7	0,11	1,1
St-Louis-de-l'Isle-aux-Coudres	9	1,9	0,8	0,09	1,2	10	2,0	0,8	0,08	1,4
St-Hilarion	6	1,3	2,3	0,38	3,6	3	0,6	1,0	0,33	1,6
St-Irénée	4	0,8	0,8	0,20	1,3	7	1,4	1,0	0,15	1,7
St-Siméon	2	0,4	0,6	0,31	1,0	4	0,8	1,8	0,44	2,8
Sous-total Charlevoix	**398**	**84,3**	**50,7**	**0,13**	**80,6**	**398**	**78,8**	**44,3**	**0,11**	**71,7**
Côte-du-Sud	33	7,0	3,5	0,11	5,6	43	8,5	5,5	0,13	9,0
Bas-St-Laurent	7	1,5	0,7	0,09	1,0	9	1,8	1,3	0,14	2,0
Ville de Québec	7	1,5	1,1	0,16	1,7	8	1,6	2,0	0,25	3,2
Autres régions du Québec	22	4,7	5,6	0,25	8,9	33	6,5	5,7	0,17	9,2
Hors Québec	1	0,2	0,0	0,03	0,1	6	1,2	1,4	0,24	2,3
Indéterminée	4	0,8	1,3	0,33	2,1	8	1,6	1,6	0,20	2,6
Total	**472**	**100**	**62,8**	**0,13**	**100**	**505**	**100**	**61,8**	**0,12**	**100**

n : nombre de fondateurs; CGT : contribution génétique totale des fondateurs; CGM : contribution génétique moyenne des fondateurs

Pour cela, la contribution génétique totale de chaque fondateur a été calculée ainsi que la contribution génétique de chaque paroisse en faisant la somme des contributions génétiques des fondateurs originaires de cette paroisse. À noter qu'il existe 14 semi fondateurs (5 du groupe des cas et 9 du groupe des témoins) pour qui la contribution génétique a été divisée par 2.

On constate, d'après le tableau 3.9, que la paroisse de Baie St-Paul contribue le plus au pool génique du groupe des cas (27,3%), suivie par La Malbaie avec 26,5%. Chez les témoins, la paroisse qui contribue le plus au pool génique est La Malbaie avec 23,9% suivie par Baie St-Paul qui participe à 18,8%. L'ensemble des paroisses de Charlevoix explique 80,6% du pool génique chez les cas et 71,7% chez les témoins.

On peut donc remarquer que les valeurs des contributions génétiques totales (CGT) sont les plus élevées dans les paroisses où l'on retrouve le plus de fondateurs régionaux. Le nombre de fondateurs régionaux originaires de Charlevoix est le même (398) dans les deux cohortes alors que la CGM est légèrement plus élevée chez les cas (0,13) que chez les témoins (0,11) et ceci est lié à la CGT (égale à 50,7) chez les cas qui est supérieure à la CGT (44,3) chez les témoins.

En principe, la somme des contributions génétiques des fondateurs d'une table d'ascendances est égale à 1 pour chaque ascendance (généalogie); donc dans notre étude, elle devrait être égale à 64 pour les cas ou les témoins. Cette valeur est obtenue lorsque tous les fondateurs ont été identifiés dans chaque ascendance. Dans les deux groupes, la somme totale des CGT des fondateurs régionaux répartis par régions d'origine est inférieure à 64, soit 62,8 chez les cas et 61,8 chez les témoins. Ceci s'explique par l'interruption d'une ou de plusieurs branches généalogiques dans les ascendances. Ainsi, pour ces branches, il fût donc impossible d'identifier le fondateur régional et donc de mesurer sa contribution génétique.

3.3.3 Analyse par période de mariage

Les fondateurs régionaux ont été distribués en quatre sous-groupes en fonction de leur date de mariage qui indique leur année d'implantation au SLSJ. Ces périodes de mariage sont les suivantes: avant 1855, de 1855 à 1869, de 1870 à 1884 et après 1884. La figure 3.6 présente la contribution génétique totale (en pourcentage) de l'ensemble des fondateurs régionaux des cas et des témoins regroupés selon leur date de mariage. On remarque que, pour chaque période de mariage, les fondateurs régionaux contribuent de façon presque égale aux pools géniques des sujets des deux cohortes. On constate par ailleurs une augmentation de la contribution génétique des fondateurs avec leur période de mariage. Les fondateurs mariés après 1884 présentent la plus forte contribution, avec 40,6% et 41,7% de la CGT respectivement chez les cas et les témoins.

Figure 3.6
Contribution génétique totale (%) des fondateurs régionaux chez les cas et les témoins, selon leur période de mariage

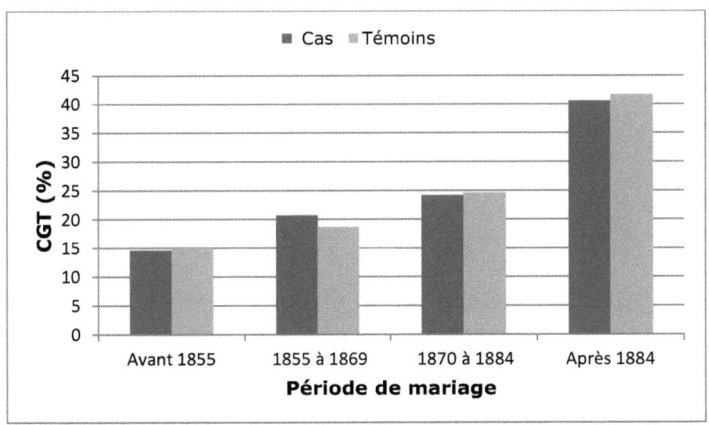

Rappelons que la contribution génétique d'un fondateur dépend de son occurrence dans la table d'ascendances et du nombre de générations qui séparent ce fondateur et le sujet de départ de la table d'ascendances. Dans notre étude, l'occurrence des fondateurs régionaux dans les deux corpus est faible puisque plus de 80% des fondateurs régionaux apparaissent une seule fois dans les généalogies et plus de 10% apparaissent deux fois.

La raison de cette augmentation de la CGT des fondateurs régionaux avec leur période de mariage est liée à la diminution du nombre de générations qui séparent le fondateur du sujet de départ. L'analyse des ascendances a montré que presque 17% des fondateurs régionaux mariés après 1884 chez les cas et 21% chez les témoins, sont identifiés à la génération 1 (CGT= 0,5), 33% et 42% des fondateurs apparaissent respectivement chez les cas et les témoins à la 2e génération (CGT=0,25), 46% et 35% sont identifiés simultanément chez les cas et les témoins à la 3e génération et le faible pourcentage restant est trouvé à la 4e profondeur générationnelle (Tableau 3.10).

Tableau 3.10

Distribution (%) des fondateurs régionaux mariés après 1884 selon la génération, parmi les généalogies des cas et des témoins et par spécificité

Génération	Spécifiques		Communs		Total	
	Cas (%)	Témoins (%)	Cas (%)	Témoins (%)	Cas (%)	Témoins (%)
1	19	23	0	0	17	21
2	35	43	18	36	33	42
3	45	34	55	46	46	35
4	1	0	27	18	4	2

Le tableau 3.11 montre la variation de la CGT en fonction de la région d'origine et selon les périodes de mariage. La région de Charlevoix, pour toutes les périodes, fournit le plus grand nombre de fondateurs au SLSJ et contribue le plus au pool génique de la population saguenayenne contemporaine.

Parmi les fondateurs mariés avant 1855, ceux dont les parents se sont mariés à Baie-Saint-Paul contribuent le plus au pool génique des sujets des deux cohortes; La Malbaie et Les Éboulements sont classées respectivement aux 2e et 3e rangs; une très faible participation est observée parmi les fondateurs issus d'autres paroisses charlevoisiennes, de la Côte-du-Sud ou d'autres régions du Québec.

Pour la période de 1855 à 1869, La Malbaie prend le premier rang suivie par Baie-St-Paul et Les Éboulements; le nombre et la CGT des fondateurs provenant de la Côte-du-Sud s'élèvent dans les deux cohortes et atteignent des valeurs maximales chez les cas; le nombre de fondateurs originaires d'autres régions augmente progressivement.

Tableau 3.11
Origine et CGT (%) des fondateurs régionaux des cas et des témoins, par période de mariage

A-Cas

Origine	Avant 1855 n	CGT (%)	1855 à 1869 n	CGT (%)	1870 à 1884 n	CGT (%)	Après 1884 n	CGT (%)
Baie St-Paul	48	8,03	39	5,89	30	8,06	18	5,27
La Malbaie	28	3,28	59	7,76	41	7,76	21	7,66
Les Éboulements	12	1,64	11	1,62	10	1,79	7	2,29
Ste-Agnès	0	0,00	3	0,50	12	2,29	10	5,37
St-Urbain-De-Charlevoix	2	0,30	4	0,60	9	1,39	2	0,30
St-Louis-de-l'Îsle-aux-Coudres	3	0,25	3	0,40	1	0,20	2	0,40
Petite-Rivière-St-François	1	0,02	5	0,60	3	0,50	2	0,60
St-Irénée	0	0,00	0	0	2	0,30	2	0,99
St-Hilarion	0	0,00	0	0,00	0	0,00	6	3,58
St-Siméon	0	0,00	0	0,00	0	0,00	2	0,99
Sous-Total Charlevoix	**94**	**13,53**	**124**	**17,35**	**108**	**22,28**	**72**	**27,45**
Côte-du-Sud	3	0,30	19	2,68	6	1,04	5	1,59
Autres régions du Québec	3	0,60	4	0,65	7	0,85	22	9,55
Hors Québec	1	0,05	0	0,00	0	0,00	0	0
Indéterminée	1	0,10	0	0,00	0	0,00	3	1,99
Total	**102**	**14,57**	**147**	**20,68**	**121**	**24,17**	**102**	**40,58**

n : nombre de fondateurs; CGT : contribution génétique totale des fondateurs

B-Témoins

Origine	Avant 1855 n	CGT (%)	1855 à 1869 n	CGT (%)	1870 à 1884 n	CGT (%)	Après 1884 n	CGT (%)
Baie St-Paul	45	5,77	30	4,00	34	5,87	10	3,14
La Malbaie	37	4,50	46	6,02	45	8,09	16	5,26
Les Éboulements	22	2,43	19	2,68	15	3,24	4	1,62
Ste-Agnès	1	0,05	5	0,71	13	1,82	16	5,26
St-Urbain-De-Charlevoix	0	0,00	3	0,30	3	0,61	4	1,72
St-Louis-de-l'Îsle-aux-Coudres	2	0,25	5	0,61	3	0,51	0	0,00
Petite-Rivière-St-François	0	0,00	1	0,10	5	1,01	0	0,00
St-Irénée	0	0,00	1	0,05	2	0,40	4	1,21
St-Hilarion	0	0,00	0	0,00	0	0,00	3	1,62
St-Siméon	0	0,00	0	0,00	0	0,00	4	2,83
Sous-Total Charlevoix	**107**	**13,00**	**110**	**14,47**	**120**	**21,55**	**61**	**22,66**
Côte-du-Sud	9	1,26	17	2,33	8	1,32	9	4,05
Autres régions du Québec	4	0,56	10	1,82	9	1,72	26	10,32
Hors Québec	1	0,10	0	0,00	0	0,00	5	2,23
Indéterminée	1	0,10	1	0,10	0	0,00	6	2,43
Total	**123**	**15,02**	**138**	**18,72**	**137**	**24,58**	**107**	**41,68**

n : nombre de fondateurs; CGT : contribution génétique totale des fondateurs

Pour la période de 1870 à 1884, la paroisse Ste-Agnès occupe le 3e rang chez les cas et le 4e chez les témoins; on observe chez les cas une contribution plus grande de St-Urbain-De-Charlevoix, par rapport aux périodes précédentes.

Parmi les fondateurs mariés après 1884, on observe la contribution de deux nouvelles paroisses charlevoisiennes: St-Hilarion et St-Siméon. La contribution de Ste-Agnès est à son maximum et on remarque un accroissement très important du nombre et de la contribution génétique totale des fondateurs issus d'autres régions du Québec dans les deux groupes. Ces derniers expliquent 9,6% de la CGT chez les cas et 10,3% chez les témoins.

3.3.3.1 Fondateurs régionaux spécifiques

La figure 3.7 montre la CGT des fondateurs régionaux spécifiques à chacune des deux cohortes, classés par période de mariage. En comparant les figures 3.6 et 3.7, on remarque que le % de la CGT chez les fondateurs spécifiques est presque égal à celui de la CGT de l'ensemble des fondateurs régionaux pour les 2e et 3e périodes de mariage, alors qu'il est plus petit chez les fondateurs spécifiques avant 1855, et plus grand après 1884.

Chez les fondateurs régionaux mariés avant 1855, le nombre de générations (entre 4 et 6) séparant les individus de leur sujet de départ ainsi que leur faible occurrence (tableau 3.7) contribuent à une diminution du pourcentage de la CGT de cette période. Après 1884, le % de la CGT augmente car le pourcentage des fondateurs retrouvés à la génération 1 (CGT=0,5) augmente à 19% chez les cas et à 23% chez les témoins et ceux identifiés à la 2e génération (CGT=0,25) augmente à 35% chez les cas et à 43% chez les témoins (tableau 3.10).

La distribution et la CGT des fondateurs régionaux spécifiques par période de mariage et selon le lieu d'origine sont présentées au tableau 3.12. Avant 1855, la paroisse de Baie-St-Paul explique une part de la CGT beaucoup moins importante chez les fondateurs spécifiques que chez l'ensemble des fondateurs régionaux.

Entre 1855 et 1869, La Malbaie montre la CGT maximale de la période et on remarque la contribution de nouvelles paroisses charlevoisiennes et l'augmentation du nombre des fondateurs venant de la Côte-du-Sud.

Pour la période de 1870 à 1884, il y a élévation de la CGT dans Baie-St-Paul, La Malbaie, Les Éboulements et Ste-Agnès.

Figure 3.7
Contribution génétique totale (%) des fondateurs régionaux spécifiques aux cas et aux témoins, selon leur période de mariage

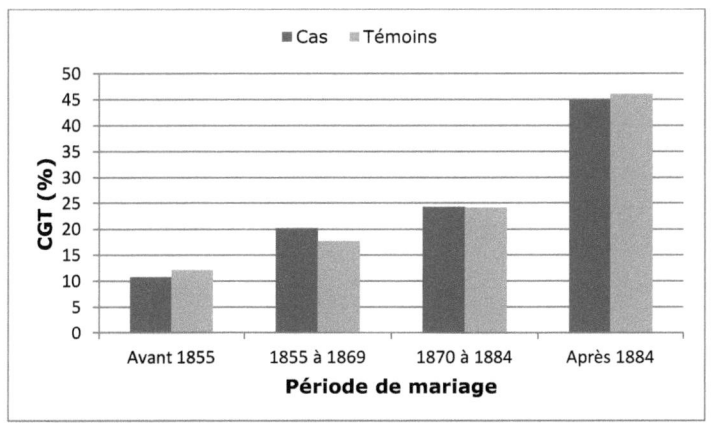

CGT : Contribution génétique totale des fondateurs régionaux spécifiques

Après 1884, Baie-St-Paul, Ste-Agnès, St-Hilarion, St-Siméon, St-Irénée, la Côte-du-Sud et d'autres régions du Québec expliquent une part de la CGT beaucoup plus importante chez les fondateurs spécifiques que chez l'ensemble des fondateurs régionaux.

Tableau 3.12 : Origine et CGT (%) des fondateurs régionaux spécifiques aux cas et aux témoins, par période de mariage

A-Cas

Origine	Avant 1855		1855-1869		1870-1884		Après 1884		Total	
	n	CGT (%)	n	CGT (%)	n	CGT (%)	n	CGT (%)	n	CGT (%)
Baie St-Paul	37	5,5	26	4,9	26	8,2	17	6,4	106	28,2
La Malbaie	19	3,0	51	7,8	34	8,2	18	6,8	122	32,4
Les Éboulements	5	1,0	8	1,4	8	2,0	6	2,7	27	7,2
Ste-Agnès	0	0,0	2	0,5	8	2,1	7	4,9	17	4,5
St-Urbain-De-Charlevoix	2	0,4	4	0,7	8	1,5	1	0,3	15	4,0
St-Louis-de-l'Île-aux-Coudres	2	0,2	3	0,5	0	0,0	2	0,5	7	1,9
Petite-Rivière-St-François	1	0,0	4	0,6	2	0,4	2	0,7	9	2,4
St-Irénée	0	0,0	0	0,0	2	0,4	2	1,2	4	1,1
St-Hilarion	0	0,0	0	0,0	0	0,0	6	4,4	6	1,6
St-Siméon	0	0,0	0	0,0	0	0,0	2	1,2	2	0,5
Sous-Total Charlevoix	**66**	**10,1**	**98**	**16,4**	**88**	**22,7**	**63**	**29,1**	**315**	**83,8**
Côte-du-Sud	1	0,1	17	3,0	3	0,5	5	2,0	26	6,9
Autres régions du Québec	2	0,5	4	0,8	6	1,0	20	11,3	32	8,5
Hors Québec	0	0,0	0	0,0	0	0,0	0	0,0	0	0,0
Indéterminée	0	0,0	0	0,0	0	0,0	3	2,5	3	0,8
Total	**69**	**10,8**	**119**	**20,2**	**97**	**24,2**	**91**	**44,9**	**376**	**100**

n : nombre de fondateurs; CGT : contribution génétique totale des fondateurs

B-Témoins

Origine	Avant 1855		1855-1869		1870-1884		Après 1884		Total	
	n	CGT (%)	n	CGT (%)	n	CGT (%)	n	CGT (%)	n	CGT (%)
Baie St-Paul	33	4,7	18	3,0	30	6,0	9	3,6	90	22,0
La Malbaie	29	3,8	37	5,6	38	8,3	13	5,0	117	28,6
Les Éboulements	15	1,7	16	2,7	13	3,5	3	1,4	47	11,5
Ste-Agnès	1	0,1	4	0,7	9	1,4	13	5,3	27	6,6
St-Urbain-De-Charlevoix	0	0,0	3	0,4	2	0,5	3	1,9	8	2,0
St-Louis-de-l'Île-aux-Coudres	1	0,1	5	0,7	2	0,4	0	0,0	8	2,0
Petite-Rivière-St-François	0	0,0	0	0,0	4	1,0	0	0,0	4	1,0
St-Irénée	0	0,0	1	0,1	2	0,5	4	1,4	7	1,7
St-Hilarion	0	0,0	0	0,0	0	0,0	3	1,9	3	0,7
St-Siméon	0	0,0	0	0,0	0	0,0	4	3,4	4	1,0
Sous-Total Charlevoix	**79**	**10,3**	**84**	**13,1**	**100**	**21,5**	**52**	**24,0**	**315**	**77,0**
Côte-du-Sud	7	1,3	15	2,3	5	0,8	9	4,8	36	8,8
Autres régions du Québec	4	0,5	10	2,2	8	1,8	24	11,8	46	11,2
Hors Québec	0	0,0	0	0,0	0	0,0	5	2,6	5	1,2
Indéterminée	0	0,0	1	0,1	0	0,0	6	2,9	7	1,7
Total	**90**	**12,1**	**110**	**17,7**	**113**	**24,1**	**96**	**46,1**	**409**	**100**

n : nombre de fondateurs; CGT : contribution génétique totale des fondateurs

3.3.3.2 Fondateurs régionaux communs

Les 96 fondateurs régionaux communs aux deux corpus contribuent faiblement au pool génique des sujets de ces deux corpus. Leur CGT correspond à 19,1% chez les cas et à 15,7% chez les témoins (tableau 3.5).

Figure 3.8
Contribution génétique totale (%) des fondateurs régionaux communs aux cas et aux témoins, selon leur période de mariage

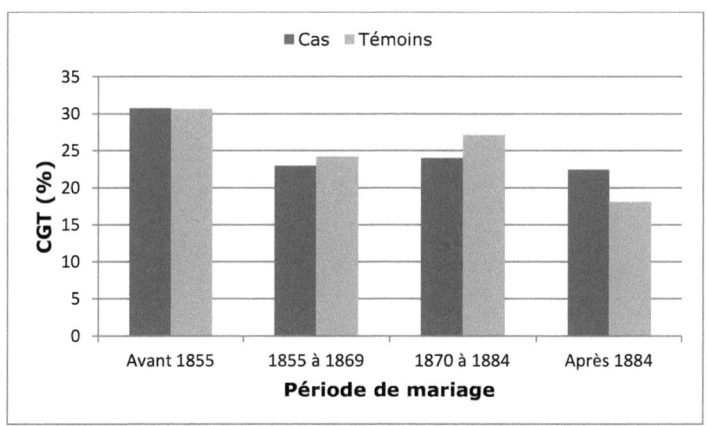

CGT : Contribution génétique totale des fondateurs régionaux communs

La figure 3.8 montre le pourcentage (30,7%) le plus élevé de la CGT chez les fondateurs mariés avant 1855 qui est dû à la forte contribution génétique des 3 paroisses charlevoisiennes: Baie Saint-Paul, La Ma1lbaie et Les Éboulements (tableau 3.14).

La plus faible proportion de la CGT est observée après 1884; ceci s'explique par la diminution du nombre de fondateurs au minimum (11,5%) (tableau 3.13) et l'augmentation du nombre des profondeurs générationnelles (tableau 3.10). On remarque la diminution de la contribution génétique des paroisses Baie-Saint- Paul et des Éboulements parmi les périodes de mariage les plus récentes (tableau 3.14).

Tableau 3.13
Répartition des fondateurs régionaux communs aux cas et aux témoins par lieu d'origine et par période de mariage

Origine	Avant 1855 n (%)	1855-1869 n (%)	1870-1884 n (%)	Après 1884 n (%)	Total n (%)
Baie St-Paul	11 (11,5)	13 (13,5)	4 (4,2)	1 (1)	29 (30,2)
La Malbaie	9 (9,4)	8 (8,3)	7 (7,3)	3 (3,1)	27 (28,1)
Les Éboulements	7 (7,3)	3 (3,1)	2 (2,1)	1 (1)	13 (13,5)
Ste-Agnès	0 (0)	1 (1)	4 (4,2)	3 (3,1)	8 (8,3)
St-Urbain-De-Charlevoix	0 (0)	0 (0)	1 (1)	1 (1)	2 (2)
St-Louis-de-l'Île-aux-Coudres	1 (1)	0 (0)	1 (1)	0 (0)	2 (2)
Petite-Rivière-St-François	0 (0)	1 (1)	1 (1)	0 (0)	2 (2)
St-Irénée	0 (0)	0 (0)	0 (0)	0 (0)	0 (0)
St-Hilarion	0 (0)	0 (0)	0 (0)	0 (0)	0 (0)
St-Siméon	0 (0)	0 (0)	0 (0)	0 (0)	0 (0)
Sous-Total Charlevoix	**28 (29,2)**	**26 (27,1)**	**20 (20,8)**	**9 (9,4)**	**83 (86,5)**
Côte-du-Sud	2 (2,1)	2 (2,1)	3 (3,1)	0 (0)	7 (7,3)
Autres régions du Québec	1 (1)	0 (0)	1 (1)	2 (2,1)	4 (4,1)
Hors Québec	1 (1)	0 (0)	0 (0)	0 (0)	1 (1)
Indéterminée	1 (1)	0 (0)	0 (0)	0 (0)	1 (1)
Total	33 (34,3)	28 (29,2)	24 (25,0)	11 (11,5)	96 (100)

n : nombre de fondateurs

Tableau 3.14

CGT (%) des fondateurs régionaux communs aux cas et aux témoins, selon leur période de mariage et leur lieu d'origine

Origine	Avant 1855 CGT (%)		1855 à 1869 CGT (%)		1870 à 1884 CGT (%)		Après 1884 CGT (%)		Total CGT (%)	
	Cas	Tém.	Cas	Tém.	Cas	Tém.	Cas	Tém.	Cas	Tém.
Baie St-Paul	18,8	11,6	10,2	9,4	7,3	5,2	0,5	0,7	36,7	26,8
La Malbaie	4,4	8,1	7,6	8,4	5,7	7,1	11,5	6,5	29,2	30,0
Les Éboulements	4,2	6,5	2,6	2,6	1	1,9	0,5	2,6	8,3	13,6
Ste-Agnès	0	0	0,5	0,7	3,1	3,9	7,3	5,2	10,9	9,7
St-Urbain-De-Charlevoix	0	0	0	0	1	1,3	0,5	0,7	1,6	1,9
St-Louis-de-l'Île-aux-Coudres	0,5	1,3	0	0	1	1,3	0	0	1,6	2,6
Petite-Rivière-St-François	0	0	0,5	0,7	1	1,3	0	0	1,6	1,9
St-Irénée	0	0	0	0	0	0	0	0	0,0	0,0
St-Hilarion	0	0	0	0	0	0	0	0	0,0	0,0
St-Siméon	0	0	0	0	0	0	0	0	0,0	0,0
Sous-Total Charlevoix	27,9	27,4	21,4	21,6	20,3	21,9	20,3	15,5	89,8	86,5
Côte-du-Sud	1	1,3	1,6	2,6	3,4	3,9	0	0	6,0	7,7
Autres régions du Québec	1	0,7	0	0	0,3	1,3	2,1	2,6	3,4	4,5
Hors Québec	0,3	0,7	0	0	0	0	0	0	0,3	0,7
Indéterminée	0,5	0,7	0	0	0	0	0	0	0,5	0,7
Total	30,7	30,7	22,9	24,2	24	27,1	22,4	18,1	100,0	100,0

CGT : contribution génétique totale des fondateurs; Tém. : Témoins

3.4 Fondateurs immigrants

Les fondateurs immigrants sont les premiers arrivants au Québec identifiés dans toutes les lignées reconstituées d'une table d'ascendances à partir de données tirées des fichiers BALSAC et BALSAC-RÉTRO et du Registre de Population du Québec Ancien (RPQA) du PRDH. Deux groupes d'ancêtres fondateurs ont été formés, un pour la cohorte des cas et un autre pour celle des témoins. Les fondateurs de chacune des deux cohortes ont été regroupés en quatre groupes d'après leur date de mariage : avant 1660, de 1660 à 1699, de 1700 à 1765, après 1765.

Dans un premier temps (sections 3.4.1 et 3.4.2), les analyses ont porté sur l'ensemble des fondateurs immigrants et concernent l'occurrence et le recouvrement, la distribution de ces fondateurs selon leurs origines géographiques et la contribution de chacun des lieux d'origine au pool génique des sujets de départ; pour cela, le calcul de la contribution génétique totale (CGT) des fondateurs a été nécessaire ainsi que la somme des CGT de ces fondateurs d'après leur lieu d'origine. La contribution génétique moyenne (CGM) a été également calculée par lieu d'origine. Dans un deuxième temps (section 3.4.3), les mêmes analyses ont été effectuées selon la période de mariage des fondateurs. Enfin, les fondateurs les plus importants, soient ceux présents dans au moins 95% des ascendances, ont été examinés de plus près (section 3.4.4).

3.4.1 Occurrence et recouvrement

Parmi les fondateurs immigrants spécifiques aux cas ou aux témoins, 79% chez les cas et 64% chez les témoins apparaissent une seule fois dans les généalogies et 18% chez les cas et 30% chez les témoins apparaissent deux ou trois fois. Aucun fondateur spécifique n'apparaît plus que 10 fois chez les cas et seulement deux apparaissent entre 11 et 30 fois chez les témoins (tableau 3.15).

Chez les fondateurs communs et dans les deux corpus, le nombre d'occurrences atteint des valeurs beaucoup plus élevées que chez les fondateurs spécifiques; la proportion des individus qui apparaissent plus que 10 fois est 34% chez les cas et 35% chez les témoins. Environ 1% des fondateurs communs apparaissent entre 1001 et 3300 fois chez les cas et chez les témoins.

Tableau 3.15
Distribution des fondateurs immigrants selon leur spécificité et leur nombre d'occurrences parmi les généalogies des cas et des témoins

Occurrence	Cas			Témoins		
	Spécifiques	Communs	Total	Spécifiques	Communs	Total
	n (%)	n (%)	n (%)	n (%)	n (%)	n (%)
1	280 (79,1)	383 (21,2)	663 (30,7)	531 (64,1)	300 (16,6)	831 (31,6)
2 et 3	64 (18,1)	434 (24,1)	498 (23,1)	251 (30,3)	395 (21,9)	646 (24,6)
4 à 10	10 (2,8)	376 (20,8)	386 (17,9)	44 (5,3)	470 (26,1)	514 (19,5)
11 à 30		265 (14,7)	265 (12,3)	2 (0,3)	275 (15,3)	277 (10,5)
31 à 60		123 (6,8)	123 (5,7)		119 (6,6)	119 (4,5)
61 à 100		93 (5,2)	93 (4,3)		107 (5,9)	107 (4,1)
101 à 1000		110 (6,1)	110 (5,1)		119 (6,6)	119 (4,5)
1001 à 3300		19 (1,1)	19 (0,9)		18 (1,0)	18 (0,7)
Total	354 (100)	1803 (100)	2157 (100)	828 (100)	1803 (100)	2631(100)

Tableau 3.16
Distribution des fondateurs immigrants selon leur spécificité et leur recouvrement parmi les généalogies des cas et des témoins

Sujets recouverts	Cas			Témoins		
	Spécifiques	Communs	Total	Spécifiques	Communs	Total
	n (%)	n (%)	n (%)	n (%)	n (%)	n (%)
1 – 2	347 (98)	768 (42,6)	1115 (51,7)	767 (92,6)	646 (35,8)	1413 (53,7)
3 – 9	7 (2)	475 (26,3)	482 (22,3)	61 (7,4)	580 (32,2)	641 (24,4)
10 – 29		296 (16,4)	296 (13,7)		291 (16,1)	291 (11,1)
30 – 49		130 (7,2)	130 (6)		169 (9,4)	169 (6,4)
50 – 59		55 (3,1)	55 (2,6)		59 (3,3)	59 (2,2)
60 – 63		38 (2,1)	38 (1,8)		49 (2,7)	49 (1,9)
64		41 (2,3)	41 (1,9)		9 (0,5)	9 (0,3)
Total	354 (100)	1803(100)	2157(100)	828 (100)	1803(100)	2631(100)

Le tableau 3.16 montre chez les fondateurs spécifiques aux cas ou aux témoins que la majorité des ancêtres apparaissent dans une ou deux généalogies et qu'aucun ancêtre spécifique n'est retrouvé dans plus de 9 généalogies. Par contre, 31% des fondateurs communs des cas et 32% de ceux des témoins recouvrent entre 10 et 64 sujets parmi lesquels plus de la moitié en recouvrent entre 10 et 29. Quarante-et-un fondateurs communs (2,3%) du corpus des cas et 9 (0,5%) du corpus des témoins apparaissent dans toutes les généalogies du groupe parmi lesquels 8 (0,5%) individus recouvrent les 128 généalogies.

3.4.2 Origine et contribution génétique

Le tableau 3.17 présente les lieux d'origine qui ont le plus grand nombre de fondateurs ainsi que les CGT les plus élevées (les CGT de tous les lieux d'origine sont mentionnées à l'annexe 7).

La grande majorité des fondateurs identifiés dans les généalogies sont venus de France (90%). Les 10% restants comprennent des fondateurs originaires de l'Acadie, la Grande Bretagne, l'Irlande, d'autres pays européens, du Canada et des États-Unis ainsi que des fondateurs à origine indéterminée (pour des raisons déjà citées). Pour chaque origine, le nombre des fondateurs identifiés chez les témoins est supérieur à celui chez les cas, ce qui reflète une plus grande diversité génétique parmi les témoins.

Bien que les fondateurs français proviennent de presque toutes les régions de la France, les provinces du nord-ouest comptent le plus grand nombre de fondateurs et contribuent à une grande partie du pool génique des sujets de départ. Ensemble les provinces de Normandie, Île-de-France, Poitou, Aunis et Saintonge comptent plus de la moitié des fondateurs immigrants dans les deux cohortes.

Tableau 3.17
Distribution, contribution génétique totale et contribution génétique moyenne de l'ensemble des fondateurs immigrants chez les cas et les témoins, selon leur origine

Origine	Cas				Témoins			
	n	CGT	CGM	CGT(%)	n	CGT	CGM	CGT(%)
Normandie	369	9,69	0,03	15,2	441	9,59	0,02	15,0
Île-de-France	282	5,51	0,02	8,6	321	5,62	0,02	8,8
Poitou	234	4,94	0,02	7,7	271	4,81	0,02	7,5
Aunis	220	8,73	0,04	13,7	250	8,21	0,03	12,9
Saintonge	101	1,53	0,02	2,4	124	1,53	0,01	2,4
Bretagne	91	1,02	0,01	1,6	105	1,15	0,01	1,8
Perche	84	11,75	0,14	18,4	99	11,08	0,11	17,4
Maine	47	3,50	0,07	5,5	56	3,19	0,06	5,0
Angoumois	47	2,68	0,06	4,2	56	2,51	0,04	3,9
Anjou	34	0,33	0,01	0,5	50	0,42	0,01	0,7
Champagne	32	0,22	0,01	0,3	40	0,31	0,01	0,5
Orléanais	31	1,52	0,05	2,4	33	1,31	0,04	2,1
Picardie	28	1,39	0,05	2,2	35	1,21	0,03	1,9
Guyenne	26	0,38	0,01	0,6	39	0,36	0,01	0,6
Saumurois	24	0,23	0,01	0,4	29	0,20	0,01	0,3
Brie	23	0,56	0,02	0,9	23	0,56	0,02	0,9
Beauce	21	0,36	0,02	0,6	24	0,35	0,01	0,5
Touraine	20	0,11	0,01	0,2	29	0,17	0,01	0,3
Autres France	144	1,53	0,01	2,4	200	1,74	0,01	2,7
Inconnue France	82	2,67	0,03	4,2	121	2,61	0,02	4,1
France Total	**1940**	**58,66**	**0,03**	**91,7**	**2346**	**56,92**	**0,02**	**89,2**
GB & Irlande	28	1,68	0,06	2,6	38	2,09	0,05	3,3
Autres Europe	20	0,75	0,04	1,2	23	0,68	0,03	1,1
Acadie	94	0,99	0,01	1,5	125	1,20	0,01	1,9
Canada & ÉU	22	0,52	0,02	0,8	42	1,17	0,03	1,8
Indéterminée	53	1,38	0,03	2,2	57	1,75	0,03	2,7
Grand Total	**2157**	**63,98**	**0,03**	**100,0**	**2631**	**63,81**	**0,02**	**100,0**

n : nombre de fondateurs; CGT : contribution génétique totale des fondateurs; CGM : contribution génétique moyenne des fondateurs

Le calcul de la contribution génétique par origine montre que la contribution génétique des régions françaises n'est pas directement proportionnelle au nombre de fondateurs fournis par celles-ci; ainsi, le Perche possède la valeur de la CGT la plus haute (18,4%

chez les cas et 17,4% chez les témoins), malgré qu'il ne fournisse pas le plus grand nombre de fondateurs, la Normandie occupe la 2e place (15% de la CGT) et l'Aunis la 3e (13,7% chez les cas et 12,9% chez les témoins). La valeur maximale de la CGM est 0,1 dans les deux cohortes et elle est observée parmi les fondateurs percherons.

Malgré que le nombre des fondateurs français retrouvés chez les témoins soit supérieur à celui chez les cas, la CGT de la France au pool génique des sujets de départ est plus élevée chez les cas (91,7%) que chez les témoins (89,2%). Nous observons la même chose pour la CGM qui est 0,03 chez les cas et 0,02 chez les témoins. Ceci est lié à la valeur d'occurrence moyenne qui est plus forte parmi les ancêtres des cas (tableau 3.1) et plus particulièrement parmi les fondateurs de ce groupe (tableau 3.15), ce qui indique un effet fondateur plus prononcé dans la cohorte des cas.

Les fondateurs immigrants ont été divisés en deux sous-groupes selon le genre de chaque individu (tableaux 3.18 et 3.19). Cette division dévoile des différences importantes au niveau de leur distribution par lieu d'origine ainsi qu'au niveau de leur contribution génétique (les CGT de tous les lieux d'origine sont mentionnées aux annexes 8 et 9). Un déséquilibre hommes-femmes apparait parmi les fondateurs des deux cohortes qui est dû à la nature même de l'immigration fondatrice au Québec (Charbonneau et al., 1987). Les fondateurs masculins, qui représentent 65% des fondateurs immigrants, portent les deux tiers du pool génique des sujets chez les cas et les témoins. La province française qui a fourni le plus d'immigrants français est la Normandie (20% dans les deux cohortes); aux 2e et 3e rangs on a respectivement le Poitou et l'Aunis. Le Perche qui compte pour seulement 4% des fondateurs immigrants possède la CGT et la CGM les plus élevées dans les deux cohortes, soit 20,1% chez les cas et 19,2% chez les témoins pour la CGT et 0,16 chez les cas et 0,13 chez les témoins pour la CGM; la Normandie occupe la 2e place pour la CGT (17,3%) suivie par le Poitou, l'Aunis et le Maine. Les immigrants de la Grande Bretagne et de l'Irlande ont une haute CGM qui peut être due à leur rapprochement générationnel avec les sujets de départ.

Tableau 3.18
Distribution, contribution génétique totale et contribution génétique moyenne de l'ensemble des fondateurs immigrants de sexe masculin selon leur origine

Origine	Cas				Témoins			
	n	CGT	CGM	CGT(%)	n	CGT	CGM	CGT(%)
Normandie	257	7,31	0,03	17,3	315	7,17	0,02	17,3
Poitou	193	3,63	0,02	8,6	219	3,44	0,02	8,3
Aunis	119	3,25	0,03	7,7	135	3,19	0,02	7,7
Île-de-France	97	2,49	0,03	5,9	106	2,50	0,02	6,0
Saintonge	80	1,19	0,01	2,8	98	1,17	0,01	2,8
Bretagne	80	0,94	0,01	2,2	91	1,05	0,01	2,5
Perche	54	8,45	0,16	20,1	63	7,94	0,13	19,2
Maine	36	3,24	0,09	7,7	42	2,95	0,07	7,1
Angoumois	38	2,56	0,07	6,1	46	2,34	0,05	5,7
Picardie	16	1,11	0,07	2,6	22	0,96	0,04	2,3
Autres France	257	2,89	0,01	6,9	354	3,2	0,01	7,7
Inconnue France	54	1,64	0,03	3,9	74	1,59	0,02	3,8
France Total	**1281**	**38,71**	**0,03**	**91,8**	**1565**	**37,48**	**0,02**	**90,6**
GB & Irlande	19	1,33	0,07	3,2	27	1,69	0,06	4,1
Autres Europe	17	0,63	0,04	1,5	20	0,62	0,03	1,5
Acadie	48	0,55	0,01	1,3	60	0,64	0,01	1,5
Canada & É.U	10	0,33	0,03	0,8	21	0,38	0,02	0,9
Indéterminée	24	0,61	0,03	1,4	25	0,59	0,02	1,4
Total	**1399**	**42,16**	**0,03**	**100,0**	**1718**	**41,38**	**0,02**	**100,0**

n : nombre de fondateurs; CGT : contribution génétique totale des fondateurs; CGM : contribution génétique moyenne des fondateurs

Chez les femmes, l'Île-de-France fournit le plus grand nombre de fondatrices françaises (28% dans les deux cohortes) suivie par la Normandie puis l'Aunis qui possède la CGT la plus élevée (25,1% chez les cas et 22,4% chez les témoins). Comme dans le sous-groupe des hommes, la CGM maximale est expliquée par le Perche malgré sa faible participation (4%).

Tableau 3.19

Distribution, contribution génétique totale et contribution génétique moyenne de l'ensemble des fondateurs immigrants de sexe féminin selon leur origine

	Cas				Témoins			
Origine	n	CGT	CGM	CGT(%)	n	CGT	CGM	CGT(%)
Île-de-France	185	3,02	0,02	13,9	215	3,12	0,01	13,9
Normandie	112	2,38	0,02	10,9	126	2,42	0,02	10,8
Aunis	101	5,48	0,05	25,1	115	5,02	0,04	22,4
Poitou	41	1,31	0,03	6,0	52	1,36	0,03	6,1
Saintonge	21	0,34	0,02	1,6	26	0,36	0,01	1,6
Perche	30	3,29	0,11	15,1	36	3,14	0,09	14,0
Maine	11	0,26	0,02	1,2	14	0,24	0,02	1,1
Orléanais	15	1,26	0,08	5,8	17	1,05	0,06	4,7
Picardie	12	0,28	0,02	1,3	13	0,25	0,02	1,1
Brie	12	0,41	0,03	1,9	11	0,42	0,04	1,9
Autres France	91	0,87	0,01	4,0	109	1,04	0,01	4,6
Inconnue France	28	1,03	0,04	4,7	47	1,03	0,02	4,6
France Total	**659**	**19,96**	**0,03**	**91,5**	**781**	**19,44**	**0,02**	**86,7**
GB & Irlande	9	0,34	0,04	1,6	11	0,40	0,04	1,8
Autres Europe	3	0,12	0,04	0,5	3	0,06	0,02	0,3
Acadie	46	0,44	0,01	2,0	65	0,56	0,01	2,5
Canada & É.U	12	0,19	0,02	0,9	21	0,79	0,04	3,5
Indéterminée	29	0,77	0,03	3,5	32	1,17	0,04	5,2
Total	**758**	**21,82**	**0,03**	**100,0**	**913**	**22,43**	**0,02**	**100,0**

n : nombre de fondateurs; CGT : contribution génétique totale des fondateurs; CGM : contribution génétique moyenne des fondateurs

Contrairement au sous-groupe des hommes, les quelques femmes orléanaises (2% des fondatrices) montrent une CGM élevée (0,08 chez les cas et 0,06 chez les témoins) avec 5,8% et 4,7% de la CGT totale; la participation des immigrantes de la Grande Bretagne, de l'Irlande et d'autres pays européens est très faible. À noter que certaines provinces françaises n'ont fourni aucune fondatrice (Périgord, Languedoc, Lyonnais, Provence, Comtat Venaissin et autres).

3.4.2.1 Fondateurs communs aux deux cohortes

Contrairement aux fondateurs régionaux, la proportion des fondateurs immigrants communs aux deux cohortes est très élevée; elle est égale à 83,6% chez les cas et à 68,5% chez les témoins (tableau 3.20). Ceci s'explique par le fait que les fondateurs immigrants sont les premiers arrivés à la Nouvelle France depuis très longtemps; ils ont donc, plus la chance d'apparaitre dans l'arbre généalogique, après 12 générations, que les fondateurs régionaux qui sont loin des sujets de 3 ou 4 générations seulement.

Tableau 3.20
Nombre de fondateurs immigrants spécifiques et communs aux généalogies des cas et des témoins

		Spécifiques	Communs	Total
Cas	n	354	1803	2157
	(%)	(16,4)	(83,6)	(100)
Témoins	n	828	1803	2631
	(%)	(31,5)	(68,5)	(100)

n : nombre de fondateurs

La distribution et la contribution génétique des 1803 fondateurs immigrants communs aux cas et aux témoins selon les principaux lieux d'origine sont analysées dans le tableau 3.21 (les CGT de tous les lieux d'origine sont mentionnées à l'annexe 10). Ces fondateurs communs portent 96% et 92% du pool génique des sujets de départ chez les cas et les témoins respectivement. Ainsi, les pourcentages de la CGT et la CGM par lieu d'origine sont similaires à ceux observés parmi l'ensemble des fondateurs.

Tableau 3.21
Distribution, contribution génétique totale et contribution génétique moyennedes fondateurs immigrants communs aux généalogies des cas et des témoins, selon leur origine

Origine	n	Cas			Témoins		
		CGT	CGM	CGT(%)	CGT	CGM	CGT(%)
Normandie	325	9,5	0,03	15,5	9,2	0,03	15,7
Île-de-France	241	5,4	0,02	8,8	5,5	0,02	9,3
Poitou	202	4,9	0,02	7,9	4,7	0,02	7,9
Aunis	200	8,7	0,04	14,1	8,1	0,04	13,8
Saintonge	89	1,5	0,02	2,4	1,5	0,02	2,5
Perche	83	11,7	0,14	19,1	11,1	0,13	18,8
Bretagne	74	0,9	0,01	1,5	1,0	0,01	1,8
Maine	41	3,5	0,08	5,7	3,1	0,08	5,3
Angoumois	43	2,7	0,06	4,3	2,5	0,06	4,2
Orléanais	22	1,5	0,07	2,4	1,3	0,06	2,2
Picardie	26	1,4	0,05	2,2	1,2	0,05	2,0
Brie	20	0,6	0,03	0,9	0,5	0,03	0,9
Autres France	236	3	0,01	4,9	2,9	0,01	4,9
Inconnue France	69	2,6	0,04	4,3	2,5	0,04	4,2
France Total	**1671**	**57,8**	**0,03**	**93,9**	**55,0**	**0,03**	**93,7**
GB & Irlande	13	1,4	0,10	2,2	1,4	0,11	2,3
Autres Europe	12	0,6	0,05	1,0	0,6	0,05	1,0
Acadie	66	0,9	0,01	1,4	0,9	0,01	1,5
Canada & ÉU	16	0,5	0,03	0,8	0,3	0,02	0,5
Indéterminée	25	0,4	0,02	0,7	0,6	0,03	1,0
Grand Total	**1803**	**61,6**	**0,03**	**100,0**	**58,7**	**0,03**	**100,0**

n : nombre de fondateurs; CGT : contribution génétique totale des fondateurs; CGM : contribution génétique moyenne des fondateurs

3.4.2.2 Fondateurs spécifiques aux cas ou aux témoins

Les fondateurs immigrants spécifiques aux cas expliquent une faible proportion (16,4%) correspondant à la moitié presque de celle des fondateurs immigrants spécifiques aux témoins (31,5%) (tableau 3.20); leur CGT (2,40) explique moins de 50% de celle des fondateurs spécifiques des témoins (5,06) (tableau 3.22). La CGT des fondateurs français baisse à 36% chez les cas et à 37% chez les témoins et leur CGM baisse également (0,003); les valeurs correspondantes sont donc plus élevées chez les fondateurs d'autres origines (les CGT de tous les lieux d'origine sont mentionnées à l'annexe 11).

Tableau 3.22
Distribution, contribution génétique totale et contribution génétique moyenne des fondateurs immigrants spécifiques aux généalogies des cas et des témoins, selon leur origine

Origine	Cas				Témoins			
	n	CGT	CGM	CGT(%)	n	CGT	CGM	CGT(%)
Normandie	44	0,18	0,004	7,3	116	0,38	0,003	7,5
Île-de-France	41	0,09	0,002	3,6	80	0,16	0,002	3,2
Poitou	32	0,07	0,002	2,9	69	0,15	0,002	3,0
Aunis	20	0,03	0,002	1,5	50	0,08	0,002	1,6
Saintonge	12	0,03	0,002	1,1	35	0,07	0,002	1,5
Bretagne	17	0,09	0,005	3,7	31	0,11	0,004	2,2
Autres France	90	0,33	0,004	13,7	242	0,78	0,003	15,1
Inconnue France	13	0,05	0,004	2,2	52	0,15	0,003	2,9
France Total	**269**	**0,87**	**0,003**	**36,1**	**675**	**1,88**	**0,003**	**37,2**
GB & Irlande	15	0,32	0,022	13,5	25	0,71	0,028	14,1
Autres Europe	8	0,11	0,014	4,5	11	0,11	0,010	2,1
Acadie	28	0,14	0,005	5,7	60	0,34	0,006	6,6
Canada & É.U	6	0,03	0,005	1,2	25	0,86	0,034	16,9
Indéterminée	28	0,94	0,033	39,0	32	1,17	0,037	23,1
Grand Total	**354**	**2,40**	**0,007**	**100**	**828**	**5,06**	**0,006**	**100**

n : nombre de fondateurs; CGT : contribution génétique totale des fondateurs; CGM : contribution génétique moyenne des fondateurs

3.4.3 Analyse par période de mariage

Dans cette partie, notre étude comportera l'analyse de l'occurrence, du recouvrement, de l'origine et de la contribution génétique des fondateurs immigrants, chez les cas et les témoins, pour chacune des quatre périodes de mariage: avant 1660, de 1660 à 1699, de 1700 à 1765 et après 1765. Dans un premier temps, l'analyse sera globale sur l'ensemble des fondateurs, les fondateurs spécifiques aux cas ou aux témoins et les fondateurs communs aux deux cohortes et dans un deuxième temps une analyse individuelle portera sur l'étude de quelques individus en particulier.

Tableau 3.23
Nombre de fondateurs immigrants spécifiques et communs aux généalogies des cas et des témoins, selon le sexe et la période de mariage

PM	Combinaisons	Hommes	Femmes	Total	% des cas	% des témoins
Avant 1660	Cas Spécifiques	13	9	22	3,9%	-
	Témoins Spécifiques	40	30	70	-	11,4%
	Communs	303	239	542	96,1%	88,6%
	Total	356	278	634	100	100
1660 à 1699	Cas Spécifiques	131	48	179	14,5%	-
	Témoins Spécifiques	324	148	472	-	30,9%
	Communs	684	370	1054	85,5%	69,1%
	Total	1139	566	1705	100	100
1700 à 1765	Cas Spécifiques	85	19	104	37,4%	-
	Témoins Spécifiques	174	46	220	-	55,8%
	Communs	131	43	174	62,6%	44,2%
	Total	390	108	498	100	100
Après 1765	Cas Spécifiques	28	21	49	59,8%	-
	Témoins Spécifiques	38	28	66	-	66,7%
	Communs	24	9	33	40,2%	33,3%
	Total	90	58	148	100	100

PM : Période de mariage

Le tableau 3.23 montre la distribution des fondateurs immigrants spécifiques et communs aux généalogies des cas et des témoins, selon le sexe et la période de mariage. La plus grande proportion de fondateurs communs est observée avant 1660, soit 96% chez les cas et 89% chez les témoins. La période de mariage « 1660 à 1699 » regroupe le plus grand nombre de fondateurs immigrants, soit 1705 correspondant à 57% de l'ensemble; le pourcentage des fondateurs communs diminue à 85,5% chez les cas et 69,1% chez les témoins et celui des fondateurs spécifiques augmente respectivement à 14,5% et 30,9%.

La proportion de fondateurs spécifiques mariés de 1700 à 1765 passe à 37,4% chez les cas et 55,8% chez les témoins. Il y a donc proportionnellement beaucoup moins de fondateurs communs aux deux cohortes parmi ces fondateurs, en comparaison avec les fondateurs mariés au 17ᵉ siècle.

La période de mariage « après 1765 » montre le plus petit nombre de fondateurs immigrants. Parmi les 148 fondateurs, il y a seulement 33 fondateurs communs aux deux cohortes (40,2% chez les cas et 33,3% chez les témoins).

L'analyse du tableau 3.24 montre que les fondateurs immigrants mariés avant 1660 contribuent à 53% du pool génique des sujets porteurs et à 51% du pool génique des sujets témoins avec une CGM de cette période plus élevée chez les cas (0,06) que chez les témoins (0,05). Les fondateurs de la période « 1660 à 1699 » correspondent à 57% des fondateurs du corpus des cas et 58% chez les témoins. Ils forment 68,6% des fondateurs du 17ᵉ siècle chez les cas et 71,4% chez les témoins. Malgré l'augmentation du nombre des immigrants, la contribution génétique totale de cette période diminue à 22,71 chez les cas et 22,20 chez les témoins correspondant à 36% et 35% du total de la CGT des fondateurs immigrants dans chacun des deux corpus. Ce décroissement de la contribution génétique est lié à la CGM de la période qui a diminué à 0,02 chez les cas et 0,01 chez les témoins. Le nombre des fondateurs de la période « 1700 – 1765 » est 278 chez les cas et 394 chez les témoins correspondant respectivement à 13% et à 15% de l'ensemble des fondateurs immigrants. La CGT est 4,78 chez les cas et 5,09 chez les témoins correspondant respectivement à 7% et 8% de la CGT totale des fondateurs immigrants. La CGM est 0,02 chez les cas et 0,01 chez les témoins.

La période « après 1765 » fournit seulement 4% de l'ensemble des immigrants chez les cas et chez les témoins. La CGT des fondateurs de la cohorte des cas est 2,75 correspondant à 4% du total de la CGT des fondateurs immigrants contre 4,27 (7%) chez les témoins. La CGM est 0,03 chez les cas et 0,04 chez les témoins (tableau 3.24).

Tableau 3.24

Distribution, contribution génétique totale et contribution génétique moyenne des fondateurs immigrants parmi les généalogies des cas et des témoins, par période de mariage

PM	Cas			Témoins		
	n (%)	CGT(%)	CGM	n (%)	CGT(%)	CGM
Avant 1660	564 (26)	33,73 (53)	0,06	612 (23)	32,26 (51)	0,05
1660 à 1699	1233 (57)	22,71 (36)	0,02	1526 (58)	22,20 (35)	0,01
1700 à 1765	278 (13)	4,78 (7)	0,02	394 (15)	5,1 (8)	0,01
Après 1765	82 (4)	2,75 (4)	0,03	99 (4)	4,27 (7)	0,04
Total	2157	63,98	0,03	2631	63,81	0,02

PM : Période de mariage; n : nombre de fondateurs, CGT : contribution génétique totale des fondateurs; CGM : contribution génétique moyenne des fondateurs

3.4.3.1 Avant 1660

Parmi les 634 fondateurs immigrants mariés avant 1660, on compte 542 fondateurs communs aux deux cohortes qui correspondent à 96,1% des fondateurs chez les cas et 88,6% chez les témoins (tableau 3.23). Cette grande proportion de fondateurs communs s'explique par le fait que les sujets des deux groupes proviennent de la même région et que les fondateurs mariés avant 1660 sont les tout premiers pionniers de la Nouvelle France et sont donc communs à la plus grande partie de la population canadienne française actuelle.

L'analyse de l'occurrence montre que le nombre d'apparition des fondateurs communs atteint des valeurs beaucoup plus élevées que celles trouvées chez les fondateurs spécifiques; plus que la moitié des fondateurs communs apparaissent plus que 10 fois et 3% reviennent entre 1001 et 3300 fois (Tableau 3.25).

Tableau 3.25
Distribution des fondateurs immigrants mariés avant 1660 selon leur spécificité et leur nombre d'occurrences parmi les généalogies des cas et des témoins

Occurrence	Cas			Témoins		
	Spécifiques	Communs	Total	Spécifiques	Communs	Total
	n (%)	n (%)	n (%)	n (%)	n (%)	n (%)
1	17 (77,3)	36 (6,6)	53 (9,4)	27 (38,6)	33 (6,1)	60 (9,8)
2 et 3	4 (18,2)	89 (16,4)	93 (16,5)	31 (44,3)	58 (10,7)	89 (14,5)
4 à 10	1 (4,5)	104 (19,2)	105 (18,6)	10 (14,3)	131 (24,2)	141 (23,0)
11 à 30		107 (19,7)	107 (19,0)	2 (2,9)	108 (19,9)	110 (18,0)
31 à 60		64 (11,8)	64 (11,3)		54 (10,0)	54 (8,8)
61 à 100		50 (9,2)	50 (8,9)		59 (10,9)	59 (9,6)
101 à 1000		75 (13,8)	75 (13,3)		83 (15,3)	83 (13,6)
1001 à 3300		17 (3,1)	17 (3,0)		16 (2,9)	16 (2,6)
Total	22	542	564	70	542	612

L'analyse du recouvrement montre que plus que la moitié des fondateurs communs des cas et des témoins recouvrent entre 10 et 64 sujets (tableau 3.26).

Tableau 3.26
Distribution des fondateurs immigrants mariés avant 1660 selon leur spécificité et leur recouvrement parmi les généalogies des cas et des témoins

Sujets recouverts	Cas			Témoins		
	Spécifiques	Communs	Total	Spécifiques	Communs	Total
	n (%)	n (%)	n (%)	n (%)	n (%)	n (%)
1 – 2	21 (95,5)	120 (22,1)	141 (25,0)	64 (91,4)	81 (14,9)	145 (23,7)
3 – 9	1 (4,5)	142 (26,2)	143 (25,4)	6 (8,6)	172 (31,7)	178 (29,1)
10 – 29		118 (21,8)	118 (20,9)		113 (20,8)	113 (18,5)
30 – 49		73 (13,5)	73 (12,9)		91 (16,8)	91 (14,9)
50 – 59		28 (5,2)	28 (5,0)		37 (6,8)	37 (6,0)
60 – 63		30 (5,5)	30 (5,3)		39 (7,2)	39 (6,4)
64		31 (5,7)	31 (5,5)		9 (1,7)	9 (1,5)
Total	22	542	564	70	542	612

Parmi les 41 fondateurs immigrants communs déjà identifiés dans les 64 généalogies des sujets porteurs (tableau 3.16), nous en retrouvons 31 qui sont mariés avant 1660.

Les 9 fondateurs communs de la cohorte des témoins qui recouvrent les 64 sujets de leur groupe appartiennent aussi à cette période de mariage.

Le tableau 3.27 montre que près de 99% des fondateurs de cette période sont d'origine française. La Normandie, l'Aunis, l'Île-de-France et le Perche sont les principales provinces de la France d'où proviennent les immigrants; ensemble elles regroupent plus que 60% des fondateurs immigrants; seule la Normandie fournit le 1/5 des fondateurs de cette période.

Le Perche possède la valeur de la CGT la plus haute (33%) dans les deux cohortes ainsi que la valeur de la CGM maximale de la période (0,15 chez les cas et 0,13 chez les témoins) malgré qu'il ne fournisse pas le plus grand nombre de fondateurs; la Normandie est en deuxième avec 16% de la CGT alors que la 3e place est occupée par l'Aunis (13,6% chez les cas et 13,2% chez les témoins). La province du Maine occupe le 4e rang en CGT malgré qu'elle fournisse seulement 5% des fondateurs immigrants de cette période chez les cas et chez les témoins. La CGM est également haute pour le Lyonnais, l'Orléanais, le Maine et l'Angoumois chez les deux cohortes. Au total, la France contribue à 97,7% de la CGT de la période chez les cas et les témoins avec une CGM plus grande chez les cas (0,06) que chez les témoins (0,05).

La Grande Bretagne a également contribué au pool génique des sujets de départ en fournissant deux fondateurs chez les cas et un fondateur chez les témoins à CGM assez élevée. Deux fondateurs d'autres pays européens ont participé au pool génique des sujets des deux groupes avec une CGM presque égale à 0,10 chez les témoins (voir les CGT de tous les lieux d'origine à l'annexe 12).

Tableau 3.27
Distribution, contribution génétique totale et contribution génétique moyenne des fondateurs immigrants mariés avant 1660 parmi les généalogies des cas et des témoins, selon leur origine

Origine	Cas					Témoins				
	N	n(%)	CGT	CGM	CGT(%)	n	n(%)	CGT	CGM	CGT(%)
Normandie	116	20,6	5,26	0,05	*15,6*	122	19,9	5,17	0,04	16,0
Aunis	85	15,1	4,58	0,05	*13,6*	88	14,4	4,26	0,05	13,2
Île-de-France	74	13,1	2,20	0,03	6,5	79	12,9	2,16	0,03	6,7
Perche	*73*	*12,9*	*11,18*	*0,15*	*33,1*	*84*	*13,7*	*10,53*	*0,13*	*32,7*
Poitou	35	6,2	1,13	0,03	3,4	36	5,9	1,18	0,03	3,6
Saintonge	29	5,1	0,65	0,02	1,9	32	5,2	0,69	0,02	2,1
Maine	*26*	*4,6*	*2,50*	*0,10*	*7,4*	*31*	*5,1*	*2,25*	*0,07*	*7,0*
Angoumois	14	2,5	1,08	0,08	3,2	14	2,3	1,00	0,07	3,1
Orléanais	8	1,4	0,81	*0,10*	2,4	8	1,3	0,72	*0,09*	2,2
Lyonnais	2	0,4	0,24	*0,12*	0,7	2	0,3	0,24	*0,12*	0,7
Autres France	70	12,4	1,71	0,02	5,1	81	13,2	1,79	0,02	5,6
Inconnue France	26	4,6	1,63	0,06	4,8	28	4,6	1,54	0,06	4,8
Sous-total France	558	98,9	32,97	0,06	97,7	605	98,9	31,52	0,05	97,7
Grande-Bretagne	2	0,4	0,57	0,28	1,7	1	0,2	0,52	0,52	1,6
Autres Europe	2	0,4	0,18	0,09	0,5	2	0,3	0,20	0,10	0,6
Indéterminée	2	0,4	0,01	0,01	0,0	4	0,7	0,01	0,00	0,0
Total	564	100,0	33,73	0,06	100,0	612	100,0	32,26	0,05	100,0

n : nombre de fondateurs; CGT : contribution génétique totale des fondateurs; CGM : contribution génétique moyenne des fondateurs

Les analyses de comparaison de la distribution par lieu d'origine et de la contribution génétique des fondateurs avec celles des fondatrices de cette période et des trois autres périodes de mariage qui suivent sont similaires aux analyses précédentes appliquées sur l'ensemble des fondateurs. Les détails sont fournis aux annexes 13, 14, 15 et 16.

Puisque la plus grande partie des fondateurs de cette période sont communs aux cas et aux témoins, les résultats des analyses sur l'origine et la CG des fondateurs communs mariés avant 1660 sont similaires aux résultats déjà analysés (voir les résultats correspondants aux annexes 17, 18, 19 et 20).

La contribution individuelle de quelques fondateurs a été examinée de plus près. Le but de cette analyse est d'essayer de cibler les fondateurs immigrants caractérisés par une contribution génétique et un indice de recouvrement élevé, afin de pouvoir identifier un ou quelques fondateurs ayant pu introduire la mutation W66G dans la population québécoise.

Aucun fondateur spécifique marié avant 1660 de la cohorte des cas ne peut être ciblé d'après les résultats des analyses précédentes du recouvrement et de la contribution génétique.

Parmi les fondateurs communs aux deux cohortes mariés avant 1660, le tableau 3.28 montre les 40 individus ayant la plus forte CGT ($\geq 0,2$) pour le groupe des cas.

Trente-et-un de ces fondateurs recouvrent les 64 généalogies chez les cas et 8 recouvrent à la fois les 64 sujets porteurs et les 64 sujets témoins, donc les 128 sujets de départ. Les valeurs de leur CGT sont presque égales dans les deux cohortes, ne montrant aucune particularité chez les cas pouvant indiquer un fondateur introduisant la mutation W66G dans la région. Sept de ces huit fondateurs sont français (dont six du Perche) et le 8e est d'origine britannique. Les 23 fondateurs restants recouvrent 62 ou 63 ascendances des témoins et ont des CGT plus élevées chez les cas que chez les témoins. Les fondateurs 1 et 2 ont la CGT individuelle la plus élevée, que ce soit pour la cohorte des cas (2,5667) ou celle des témoins (2,2839). Il s'agit d'un couple de fondateurs et ensemble, ils expliquent 15,2% de la CGT de la période et 8% de la CGT pour l'ensemble des fondateurs chez les cas (14,2% de la CGT de la période et 7,2% de la CGT de l'ensemble des fondateurs chez les témoins).

Tableau 3.28
Sexe, origine, année de mariage, recouvrement, génération maximale et contribution génétique totale des 40 principaux fondateurs mariés avant 1660 et communs aux généalogies des cas et des témoins

N° Ind	sexe	Origine	AM	Cas Nb Egos	Cas Gén max	Cas CGT	Témoins Nb Egos	Témoins Gén max	Témoins CGT
1	H	Perche	1657	64	13	2,5667	62	13	2,2839
2	F	Aunis	1657	64	13	2,5667	62	13	2,2839
3	H	Perche	1638	64	14	1,4000	62	14	1,2238
4	F	Perche	1638	64	14	1,4000	62	14	1,2238
5	H		1654	64	13	1,3859	62	13	1,2701
6	H	Normandie	1638	64	14	1,0099	62	13	0,8816
7	H	Angoumois	1635	64	14	0,9708	62	13	0,8214
8	H	Maine	1652	64	13	0,7289	63	13	0,6151
9	F	Orléanais	1652	64	13	0,7289	63	13	0,6151
10	H	Grande-Bretagne	1620	64	15	0,5671	64	14	0,5220
11	F	France	1620	64	15	0,5671	64	14	0,5220
12	H	Perche	1632	64	14	0,5631	63	14	0,5505
13	H	Perche	1622	64	14	0,5602	63	14	0,5469
14	H	Perche	1637	64	13	0,4991	64	14	0,4906
15	H	Normandie	1656	64	12	0,4807	63	13	0,4332
16	H	France	1637	64	14	0,4563	62	14	0,4324
17	F	Normandie	1637	64	14	0,4563	62	14	0,4324
18	H	Poitou	1638	64	14	0,4214	62	14	0,3681
19	H	Perche	1615	64	15	0,3481	64	15	0,3524
20	F	Perche	1615	64	15	0,3481	64	15	0,3524
21	F	Brie	1649	63	13	0,3442	61	13	0,3627
22	H	Normandie	1619	64	14	0,3016	63	15	0,2838
23	F	Perche	1597	64	14	0,3013	64	15	0,2910
24	H	Aunis	1650	63	13	0,2603	60	13	0,2100
25	F	Aunis	1650	63	13	0,2593	60	13	0,2090
26	H	Perche	1654	64	13	0,2570	62	13	0,2131
27	F	Perche	1654	64	13	0,2570	62	13	0,2131
28	H	Saintonge	1639	64	13	0,2560	63	14	0,2339
29	F	Aunis	1639	64	13	0,2560	63	14	0,2339
30	F	Normandie	1640	64	13	0,2444	62	14	0,2351
31	H	Perche	1640	64	13	0,2444	62	14	0,2351
32	H	Normandie	1645	62	13	0,2441	61	13	0,2108
33	F	Normandie	1645	62	13	0,2441	61	13	0,2108
34	H	Perche	1659	64	12	0,2341	62	13	0,1825
35	H	Perche	1616	64	14	0,2274	64	15	0,2335
36	F	Perche	1616	64	14	0,2274	64	15	0,2335
37	H	Lyonnais	1653	63	13	0,2229	63	13	0,2251
38	H	Île-de-France	1640	63	13	0,2167	59	13	0,1992
39	F	Île-de-France	1640	63	13	0,2167	59	13	0,1992
40	H	Perche	1611	63	14	0,2007	63	14	0,2130

AM : année de mariage des fondateurs; CGT : contribution génétique totale des fondateurs

3.4.3.2 *1660 à 1699*

L'analyse de l'occurrence au tableau 3.29 montre que parmi les fondateurs communs de cette période, seulement 27% apparaissent plus que dix fois parmi lesquels 35 fondateurs chez les cas et 36 chez les témoins reviennent entre 101 et 1000 fois. Seulement deux fondateurs apparaissent entre 1001 et 3300 fois dans les deux corpus.

Tableau 3.29
Distribution des fondateurs immigrants mariés de 1660 à 1699 selon leur spécificité et leur nombre d'occurrences parmi les généalogies des cas et des témoins

Occurrence	Cas			Témoins		
	Spécifiques	Communs	Total	Spécifiques	Communs	Total
	n (%)	n (%)	n (%)	n (%)	n (%)	n (%)
1	135 (75)	254 (24,1)	389 (31,6)	271 (57,4)	164 (15,6)	435 (28,5)
2 et 3	36 (20)	288 (27,3)	324 (26,3)	171 (36,2)	291 (27,6)	462 (30,3)
4 à 10	8 (5)	243 (23,1)	251 (20,4)	30 (6,4)	312 (29,6)	342 (22,4)
11 à 30		136 (13,9)	136 (11,0)		140 (13,3)	140 (9,2)
31 à 60		56 (5,3)	56 (4,5)		62 (5,9)	62 (4,1)
61 à 100		40 (4,8)	40 (3,2)		47 (4,5)	47 (3,1)
101 à 1000		35 (3,3)	35 (2,8)		36 (3,4)	36 (2,4)
1001 à 3300		2 (0,2)	2 (0,2)		2 (0,2)	2 (0,1)
Total	179	1054	1233	472	1054	1526

L'analyse du recouvrement au tableau 3.30 montre que le quart seulement des fondateurs communs de cette période recouvre 10 à 64 généalogies dans les deux corpus. Chez les cas, nous retrouvons 10 des 41 fondateurs, identifiés dans le tableau 3.16, qui recouvrent les 64 sujets de départ.

Tableau 3.30

Distribution des fondateurs immigrants mariés de 1660 à 1699 selon leur spécificité et leur recouvrement parmi les généalogies des cas et des témoins

Sujets recouverts	Cas			Témoins		
	Spécifiques n (%)	Communs n (%)	Total n (%)	Spécifiques n (%)	Communs n (%)	Total n (%)
1 - 2	178 (99)	509 (48)	687 (56)	428 (91)	434 (41)	862 (57)
3 - 9	1 (1)	294 (28)	295 (24)	44 (9)	360 (34)	404 (26)
10 - 29		153 (14)	153 (12)		153 (15)	153 (10)
30 - 49		53 (5)	53 (4)		75 (7)	75 (5)
50 - 59		27 (3)	27 (2)		22 (2)	22 (1)
60 - 63		8 (1)	8 (1)		10 (1)	10 (1)
64		10 (1)	10 (1)		0	0
Total	**179**	**1054**	**1233**	**472**	**1054**	**1526**

Cette période est caractérisée par un accroissement spectaculaire du nombre de fondateurs immigrants dont la majorité est d'origine française. Les fondateurs des deux groupes de cas et de témoins reflètent l'immigration plus intense qui a eu lieu entre 1663 et 1673, lorsque Louis XIV parraina la venue des quelque 800 «Filles du Roy», afin d'affaiblir le déséquilibre du marché matrimonial et d'encourager les soldats du régiment de Carignan à prendre épouse et à s'établir en Nouvelle-France (Landry, 1992). Après cet effort de colonisation, l'immigration française devint moins importante, et surtout masculine (Vézina et al., 2005).

Le tableau 3.31 montre la distribution des fondateurs de cette période ainsi que leur CGT selon le lieu d'origine (données plus détaillées à l'annexe 21). La Normandie garde toujours sa première place en fournissant le plus grand nombre de fondateurs suivie par l'Île-de-France; le Poitou apparaît pour la première fois dans une place avancée (le 3ᵉ rang) suivi par l'Aunis. Ces quatre provinces françaises ensemble ont fourni plus de la moitié des fondateurs immigrants; elles possèdent 62,45% de la CGT pour les cas et 62,87% pour les témoins, mais c'est l'Aunis qui possède la CGM la plus grande.

Tableau 3.31
Distribution, contribution génétique totale et contribution génétique moyenne des fondateurs immigrants mariés de 1660 à 1699 parmi les généalogies des cas et des témoins, selon leur origine

Origine	Cas					Témoins				
	n	n (%)	CGT	CGM	CGT (%)	n	n (%)	CGT	CGM	CGT (%)
Normandie	220	17,8	3,82	0,017	16,8	276	18,1	3,80	0,014	17,1
Île-de-France	199	16,1	3,17	0,016	13,9	232	15,2	3,33	0,014	15,0
Poitou	183	14,8	3,43	0,019	15,1	218	14,3	3,25	0,015	14,6
Aunis	127	10,3	3,77	0,030	16,6	153	10,0	3,57	0,023	16,1
Saintonge	65	5,3	0,87	0,013	3,8	77	5,1	0,77	0,010	3,5
Bretagne	60	4,9	0,50	0,008	2,2	67	4,4	0,55	0,008	2,5
Angoumois	27	2,2	1,31	**0,048**	5,8	32	2,1	1,13	**0,035**	5,1
Picardie	23	1,9	1,33	**0,058**	5,9	28	1,8	1,14	**0,041**	5,1
Maine	20	1,6	0,99	**0,050**	4,4	20	1,3	0,91	**0,045**	4,1
Orléanais	18	1,5	0,69	**0,038**	3,0	21	1,4	0,59	**0,028**	2,6
Limousin	11	0,9	0,24	0,022	1,1	13	0,9	0,23	0,018	1,0
Perche	10	0,8	0,56	0,056	2,4	14	0,9	0,54	0,038	2,4
Autres France	206	16,7	1,27	0,01	5,6	274	18,0	1,57	0,01	7,1
Inconnue	42	3,4	0,51	0,012	2,3	69	4,5	0,57	0,008	2,6
France Total	1211	98,2	22,46	0,019	98,9	1494	97,9	21,94	0,015	98,9
GB & Irlande	0	0,0	0,00	0,000	0,0	3	0,2	0,00	0,001	0,0
Autres Europe	9	0,7	0,05	0,005	0,2	12	0,8	0,06	0,005	0,3
Acadie	6	0,5	0,03	0,005	0,1	8	0,5	0,04	0,005	0,2
Canada & É.U	5	0,4	0,16	0,031	0,7	6	0,4	0,11	0,019	0,5
Indéterminée	2	0,2	0,02	0,012	0,1	3	0,2	0,03	0,010	0,1
Grand Total	1233	100,0	22,71	0,018	100,0	1526	100,0	22,20	0,015	100,0

n : nombre de fondateurs; CGT : contribution génétique totale des fondateurs; CGM : contribution génétique moyenne des fondateurs

Chez les cas, la Picardie qui fournit seulement 23 immigrants a la CGM la plus élevée de la période (0,058). La CGM des Percherons est de 0,055 tandis que les fondateurs originaires du Maine, de l'Angoumois et de l'Orléanais ont respectivement une CGM de 0,050; 0,048 et 0,038. Chez les témoins, la CGM maximale de cette période est celle des fondateurs du Maine; la Picardie, le Perche, l'Angoumois et l'Orléanais ont aussi des CGM assez élevées par rapport à la moyenne de la période. Nous observons des arrivants des États-Unis et d'autres provinces canadiennes qui ont une CGM supérieure à celle de la période dans les deux corpus.

En comparant les deux périodes de mariages du 17e siècle (tableau 3.32), on peut constater que le nombre total des fondateurs mariés entre 1660 et 1699 est 2,2 fois plus grand que celui des fondateurs mariés avant 1660 dans le groupe des cas et 2,5 fois plus grand chez les témoins; mais ce n'est pas la même chose pour la CGT et la CGM, car nous remarquons une baisse de la CG dans les deux corpus; chez les cas la CGT qui était 33,73 pour l'ensemble des fondateurs « avant 1660 » est de 22,71 pour la période « 1660 à 1699 », et par conséquent la CGM diminue de 0,065 à 0,020. De même, chez les témoins, la CGT qui était de 32,26 « avant 1660 » s'est abaissée à 22,20 à la 2e moitié du 17e siècle; la CGM qui était égale à 0,053 avant 1660 devient 0,015 pour la période suivante.

Pour les deux périodes, malgré que le nombre de fondateurs immigrants distincts soit plus petit chez les cas que chez les témoins, leur CGT et leur CGM ont des valeurs plus grandes. Ceci s'explique par le nombre d'occurrences des ancêtres (la concentration des ancêtres) qui est plus élevé chez les cas, dans une proportion de 1,25 d'après le tableau 3.1. Ces résultats montrent l'importance de la période « avant 1660 » dans laquelle un nombre restreint d'immigrants ont contribué fortement au pool génique de la population contemporaine québécoise.

Tableau 3.32
Distribution, contribution génétique totale et contribution génétique moyenne des fondateurs immigrants mariés au 17ᵉ siècle parmi les généalogies des cas et des témoins, selon le sexe et la période de mariage

A-Cas

Période de mariage des fondateurs	HOMMES			FEMMES			TOTAL		
	n	CGT	CGM	n	CGT	CGM	n	CGT	CGM
Avant 1660	316	20,4285	0,0646	248	13,3006	0,0536	564	33,7291	0,0598
1660-1699	815	15,8550	0,0195	418	6,8583	0,0164	1233	22,7133	0,0184
17ᵉ siècle	1131	36,2835	0,0321	666	20,1589	0,0303	1797	56,4424	0,0314

B-Témoins

Période de mariage des fondateurs	HOMMES			FEMMES			TOTAL		
	n	CGT	CGM	n	CGT	CGM	n	CGT	CGM
Avant 1660	343	19,4684	0,0568	269	12,7872	0,0475	612	32,2556	0,0527
1660-1699	1008	15,4034	0,0153	518	6,7927	0,0131	1526	22,1960	0,0145
17ᵉ siècle	1351	34,8718	0,0258	787	19,5799	0,0249	2138	54,4516	0,0255

n : nombre de fondateurs; CGT : contribution génétique totale des fondateurs; CGM : contribution génétique moyenne des fondateurs

Il y a 1 054 fondateurs communs mariés entre 1660 et 1699 qui correspondent à 85,5% des fondateurs chez les cas et à 69,1% chez les témoins (tableau 3.23); ils ressortent une CGT égale à 22,35 chez les cas et à 21,29 chez les témoins correspondant respectivement à 98 % et à 96 % du total de la contribution génétique de cette période. Leur CGM est de 0,02 dans les 2 cohortes. Le Poitou, la Normandie et l'Aunis fournissent à peu près la moitié des fondateurs masculins et du total de la CGT. L'Île-de-France donne le plus grand nombre de fondatrices (34%) et explique la plus grande CGT; elle est suivie par l'Aunis (annexes 22, 23 et 24).

Le nombre de fondateurs spécifiques de cette période, s'élève à 179 (14,5%) chez les cas et à 472 (31%) chez les témoins (tableau 3.23). Malgré cette augmentation, leur CGT au pool génique des sujets de départ reste très minime aussi bien chez les cas (0,36) que chez les témoins (0,90) avec une CGM faible de 0,002. Le Poitou et la Normandie expliquent les % les plus élevés de la CGT chez les fondateurs masculins.

L'Île-de-France présente, comme chez les fondatrices communes, le plus grand pourcentage de fondatrices spécifiques et la CGT maximale; elle est suivie par la Normandie (annexe 25).

Les résultats des analyses de l'occurrence, du recouvrement et de la contribution génétique des fondateurs spécifiques aux cas de cette période de mariage ont démontré qu'aucun individu ne peut être à l'origine de la présence de la mutation W66G dans la région du SLSJ.

Seize fondateurs mariés de 1660 à 1699 ont une CGT ≥ 0,2 parmi les généalogies des cas (tableau 3.33). Parmi ces 16 individus, 10 (sept hommes et trois femmes) recouvrent les 64 sujets porteurs de départ et montrent une contribution génétique relativement haute (de 0,3705 à 0,9708) liée à leur nombre élevé d'occurrences; dans le groupe des témoins, ils recouvrent 58 à 62 généalogies montrant des valeurs de CGT inférieures à celles retrouvées chez les cas.

Les six autres fondateurs montrent des valeurs de CGT plus élevées parmi les généalogies des cas que parmi celles des témoins et se retrouvent dans 60 à 62 ascendances des cas, sauf l'individu numéro 55 qui apparait dans 56 généalogies.

Ces fondateurs proviennent des provinces françaises les plus importantes pour l'immigration de cette période comme l'Aunis, le Poitou, la Normandie et d'autres.

Tableau 3.33
Sexe, origine, année de mariage, recouvrement, génération maximale et contribution génétique totale des 16 principaux fondateurs immigrants mariés de 1660 à 1699 et communs aux généalogies des cas et des témoins

No Ind	sexe	Origine	AM	Cas			Témoins		
				Nb Egos	Gén max	CGT	Nb Egos	Gén max	CGT
41	H	Angoumois	1661	64	13	0,9708	62	12	0,8214
42	H	Aunis	1664	64	13	0,6547	62	13	0,5660
43	F	Aunis	1664	64	13	0,6547	62	13	0,5660
44	H	Maine	1662	64	13	0,6445	62	13	0,5691
45	H	Picardie	1670	64	13	0,6364	61	13	0,5082
46	H	Normandie	1694	64	11	0,5698	58	11	0,5376
47	H	Perche	1667	64	13	0,5245	62	13	0,5026
48	H	Île-de-France	1679	62	12	0,4619	60	12	0,4021
49	F	Poitou	1670	64	13	0,4180	61	13	0,3649
50	H	Poitou	1691	61	12	0,3762	58	11	0,3213
51	H	Picardie	1666	64	13	0,3705	59	13	0,3052
52	F	Orléanais	1666	64	13	0,3705	59	13	0,3052
53	H	France	1669	60	12	0,2822	57	12	0,2598
54	H	Normandie	1670	61	11	0,2549	50	11	0,1802
55	H	Poitou	1684	56	12	0,2458	49	12	0,2085
56	H	Saintonge	1676	62	11	0,2354	52	11	0,1582

AM : année de mariage des fondateurs; CGT : contribution génétique totale des fondateurs

3.4.3.3 1700 à 1765

L'occurrence des fondateurs spécifiques mariés durant cette période est très faible. La majorité (99%) apparaît une, deux ou trois fois dans les deux cohortes et aucun fondateur spécifique n'apparaît plus que dix fois (tableau 3.34). Chez les fondateurs communs de cette période, plus que 80 % apparaissent entre une et dix fois dans chacune des cohortes; le reste a une occurrence entre 11 et 100 fois et aucun fondateur commun n'apparaît plus que 100 fois.

Tableau 3.34
Distribution des fondateurs immigrants mariés de 1700 à 1765 selon leur spécificité et leur nombre d'occurrences parmi les généalogies des cas et des témoins

Occurrence	Cas			Témoins		
	Spécifiques n (%)	Communs n (%)	Total n (%)	Spécifiques n (%)	Communs n (%)	Total n (%)
1	86 (82,7)	79 (45,4)	165 (59,3)	172 (78,2)	82 (47,1)	254 (64,5)
2 et 3	17 (16,3)	45 (25,9)	62 (22,3)	44 (20)	41 (23,6)	85 (21,6)
4 à 10	1 (1)	25 (14,4)	26 (9,4)	4 (1,8)	23 (13,2)	27 (6,8)
11 à 30		19 (10,9)	19 (6,8)		24 (13,8)	24 (6,1)
31 à 60		3 (1,7)	3 (1,1)		3 (1,7)	3 (0,8)
61 a 100		3 (1,7)	3 (1,1)		1 (0,6)	1 (0,2)
Total	104	174	278	220	174	394

Le tableau 3.35 montre que 96% des fondateurs spécifiques aux cas ou aux témoins recouvrent une ou deux généalogies et le reste recouvre seulement de trois à neuf généalogies. Chez les fondateurs communs, plus de 80% recouvrent un à neuf sujets de départ; aucun fondateur ne recouvre plus que 49 sujets.

Tableau 3.35
Distribution des fondateurs immigrants mariés de 1700 à 1765 selon leur spécificité et leur recouvrement parmi les généalogies des cas et des témoins

Sujets recouverts	Cas			Témoins		
	Spécifiques n (%)	Communs n (%)	Total n (%)	Spécifiques n (%)	Communs n (%)	Total n (%)
1 - 2	100 (96,1)	114 (65,5)	214 (77)	211 (95,9)	105 (60,3)	316 (80,2)
3 - 9	4 (3,9)	34 (19,6)	38 (13,7)	9 (4,1)	44 (25,3)	53 (13,4)
10 - 29		22 (12,6)	22 (7,9)		22 (12,6)	22 (5,6)
30 - 49		4 (2,3)	4 (1,4)		3 (1,7)	3 (0,8)
Total	104	174	278	220	174	394

Nous remarquons que l'immigration française à cette époque est devenue moins importante et surtout masculine car la proportion des immigrants français baisse à 58,6% chez les cas et à 60,7% chez les témoins (tableau 3.36).

La Normandie reste la première à fournir des fondateurs à la Nouvelle-France (10,8% cas et 10,7% témoins). Elle est suivie par la Bretagne (7,9% des cas et 7,1 % des témoins). Ensemble la Normandie, la Bretagne et le Poitou fournissent environ le quart des fondateurs de cette période. La CGT française maximale est celle des Normands (12,1% chez les cas et 12,0% chez les témoins). Les fondateurs du Poitou et de l'Aunis possèdent la même valeur de la CGT mais avec une CGM supérieure à la moyenne de la période pour l'Aunis (0,05 chez les cas et 0,04 chez les témoins). L'Angoumois explique 6,1% de la CGT chez les cas et 7,4% chez les témoins. Les Français d'origine inconnue possèdent une CGM plus grande que la moyenne de la période égale à 0,038 chez les cas et 0,022 chez les témoins.

Cette période de mariage est caractérisée par l'augmentation de l'immigration acadienne. Nous remarquons que l'Acadie seule fournit 29,1% et 26,4% des fondateurs de la période respectivement chez les cas et les témoins et elle possède la plus haute proportion de la CGT, soit 18,7% et 20,2% respectivement pour les cas et les témoins avec une CGM égale à la moyenne de la période (données plus détaillées à l'annexe 26).

Il y a 174 fondateurs communs aux cas et aux témoins mariés entre 1700 et 1765 qui correspondent à 63% des fondateurs chez les cas et à 44% chez les témoins (tableau 3.23); ils ont une CGT égale à 4,21 chez les cas et à 3,86 chez les témoins correspondant respectivement à 88% et à 76% du total de la contribution génétique de cette période. Leur CGM est de 0,02 dans les 2 cohortes (annexe 27).

Tableau 3.36
Distribution, contribution génétique totale et contribution génétique moyenne des fondateurs immigrants mariés de 1700 à 1765 parmi les généalogies des cas et des témoins, selon leur origine

Origine	Cas					Témoins				
	n	n (%)	CGT	CGM	CGT (%)	n	n (%)	CGT	CGM	CGT (%)
Normandie	30	10,8	0,58	0,019	12,1	42	10,7	0,61	0,015	12,0
Bretagne	22	7,9	0,27	0,012	5,7	28	7,1	0,33	0,012	6,6
Poitou	16	5,8	0,38	0,024	7,9	17	4,3	0,38	0,022	7,5
Île-de-France	9	3,2	0,14	0,016	2,9	10	2,5	0,13	0,013	2,5
Aunis	8	2,9	0,38	0,048	8,0	9	2,3	0,38	0,042	7,4
Guyenne	7	2,5	0,18	0,026	3,8	13	3,3	0,19	0,014	3,7
Saintonge	7	2,5	0,02	0,003	0,4	15	3,8	0,07	0,005	1,4
Angoumois	6	2,2	0,29	0,049	6,1	10	2,5	0,38	0,038	7,4
Gascogne	5	1,8	0,03	0,006	0,6	6	1,5	0,03	0,005	0,6
Orléanais	5	1,8	0,02	0,004	0,4	4	1,0	0,01	0,002	0,2
Franche-Comté	5	1,8	0,10	0,020	2,1	5	1,3	0,08	0,016	1,6
Lorraine	3	1,1	0,06	0,021	1,3	4	1,0	0,03	0,007	0,6
Anjou	3	1,1	0,02	0,005	0,3	7	1,8	0,05	0,007	0,9
Languedoc	3	1,1	0,04	0,012	0,7	1	0,3	0,00	0,004	0,1
Auvergne	3	1,1	0,03	0,009	0,5	2	0,5	0,02	0,012	0,5
Berry	2	0.72	0,02	0,008	0,3	3	0,8	0,02	0,005	0,3
Perche	1	0,4	0,02	0,016	0,3	1	0,3	0,01	0,012	0,2
Comtat Venaissin	1	0,4	0,02	0,020	0,4	0	0,0	0,00	0,000	0,0
Bourgogne	0	0,0	0,00	0,000	0,0	3	0,8	0,03	0,010	0,6
Béarn	0	0,0	0,00	0,000	0,0	5	1,3	0,03	0,005	0,5
Autres France	15	5,4	0,06	0,004	1,3	32	8,1	0,14	0,004	2,8
Inconnue France	13	4,7	0,50	0,038	10,4	22	5,6	0,48	0,022	9,4
France Total	163	58,6	3,14	0,019	65,6	239	60,7	3,38	0,014	66,4
GB & Irlande	0	0,0	0,00	0,000	0,0	7	1,8	0,04	0,006	0,9
Autres Europe	3	1,1	0,25	0,082	5,2	2	0,5	0,17	0,087	3,4
Acadie	81	29,1	0,89	0,011	18,7	104	26,4	1,03	0,010	20,2
Canada & ÉU	15	5,4	0,35	0,023	7,3	25	6,4	0,26	0,010	501,3
Indéterminée	15	5,4	0,15	0,010	3,2	17	4,3	0,21	0,012	4,1
Total	278	100,0	4,78	0,017	100,0	394	100,0	5,09	0,013	100,0

n : nombre de fondateurs; CGT : contribution génétique totale des fondateurs; CGM : contribution génétique moyenne des fondateurs

La proportion des fondateurs spécifiques de cette période, augmente à 37,4% chez les cas et à 55,8% chez les témoins (tableau 3.23). Bien que leur CGT aux sujets de départ s'élève à 0,57 (12%) chez les cas et 1,24 (24%) chez les témoins, elle reste très faible par rapport à la CGT de la période et à la CGT des fondateurs immigrants (tableau

3.24). De même, leur CGM est très faible (0,005 chez les cas et 0,006 chez les témoins) (annexe 30).

Nous remarquons, aussi bien chez les fondateurs communs que chez les fondateurs spécifiques, que la CGT des fondateurs d'origine française (surtout les Bretons et les Normands) reste majoritaire, suivie par la CGT des fondateurs acadiens dans le sous-groupe des fondateurs de sexe masculin, alors que c'est la CGT des fondatrices acadiennes qui occupe la première place suivie par celle des fondatrices françaises dans le sous-groupe des femmes (annexes 28, 29 et 30).

Seulement quatre fondateurs mariés de 1700 à 1765 ont une CGT ≥ 0,2 parmi les généalogies des cas (tableau 3.37). Ils recouvrent 29 à 47 sujets porteurs (leur nombre d'occurrences est relativement faible par rapport à celui des individus mariés au 17e siècle). Leur contribution génétique élevée s'explique par leur plus grande proximité, en termes de générations, avec les sujets de départ (8 générations pour certaines profondeurs maximales).

Tableau 3.37
Sexe, origine, année de mariage, recouvrement, génération maximale et contribution génétique totale des quatre principaux fondateurs immigrants mariés de 1700 à 1765 et communs aux généalogies des cas et des témoins

No Ind	sexe	Origine	AM	Cas			Témoins		
				Nb. Egos	Gén max	CGT	Nb. Egos	Gén max	CGT
57	H	Normandie	1761	29	8	0,2969	23	8	0,2539
58	H	Aunis	1732	40	10	0,2803	43	10	0,2969
59	H	Suisse	1739	38	9	0,2383	31	10	0,1709
60	H	États-Unis	1733	47	10	0,2227	19	10	0,0674

AM : année de mariage des fondateurs; CGT : contribution génétique totale des fondateurs

3.4.3.4 Après 1765

L'occurrence des fondateurs spécifiques mariés durant cette période est très faible (tableau 3.38). La majorité apparaît une seule fois dans les deux cohortes et aucun fondateur spécifique n'apparaît plus que trois fois.

Tableau 3.38
Distribution des fondateurs immigrants mariés après 1765 selon leur spécificité et leur nombre d'occurrences parmi les généalogies des cas et des témoins

Occurrence	Cas			Témoins		
	Spécifiques	Communs	Total	Spécifiques	Communs	Total
	n (%)	n (%)	n (%)	n (%)	n (%)	n (%)
1	42 (86)	14 (42)	56 (68)	61 (92)	21 (64)	82 (83)
2 et 3	7 (14)	12 (36)	19 (23)	5 (8)	5 (15)	10 (10)
4 à 10		4 (12)	4 (5)		4 (12)	4 (4)
11 à 30		3 (9)	3 (4)		3 (9)	3 (3)
Total	49	33	82	66	33	99

Chez les fondateurs communs de cette période, plus de 90% apparaissent entre une et dix fois dans chacune des cohortes et aucun fondateur commun n'apparaît plus que 30 fois.

Tableau 3.39
Distribution des fondateurs immigrants mariés après 1765 selon leur spécificité et leur recouvrement parmi les généalogies des cas et des témoins

Sujets recouverts	Cas			Témoins		
	Spécifiques	Communs	Total	Spécifiques	Communs	Total
	n (%)	n (%)	n (%)	n (%)	n (%)	n (%)
1 – 2	48 (98)	25 (76)	73 (89)	64 (97)	26 (79)	90 (91)
3 - 9	1 (2)	5 (15)	6 (7)	2 (3)	4 (12)	6 (6)
10 - 29		3 (9)	3 (4)		3 (9)	3 (3)
Total	49	33	82	66	33	99

Le tableau 3.39 montre que plus de 97% des fondateurs spécifiques aux cas ou aux témoins recouvrent une ou deux généalogies et le reste recouvre seulement trois à neuf généalogies. Chez les fondateurs communs, plus de 75% recouvrent un ou deux sujets de départ; aucun fondateur n'en recouvre plus que 29.

Les résultats du tableau 3.40 montrent la réduction de l'immigration française à 9,8% chez les cas et à 8,1% chez les témoins avec une CGM inférieure à la moyenne.

Tableau 3.40
Distribution, contribution génétique totale et contribution génétique moyenne des fondateurs immigrants mariés après 1765 parmi les généalogies des cas et des témoins, selon leur origine

Origine	Cas					Témoins				
	n	n (%)	CGT	CGM	CGT (%)	n	n (%)	CGT	CGM	CGT (%)
Alsace	1	1,2	0,01	0,008	0,3	1	1,0	0,01	0,008	0,2
Bretagne	1	1,2	0,01	0,008	0,3	1	1,0	0,01	0.0078	0,2
Gascogne	1	1,2	0,01	0,008	0,3	1	1,0	0,01	0.0117	0,3
Lyonnais						1	1,0	0,01	0.0078	0,2
Guyenne	1	1,2	0,02	0,016	0,6					
Maine						1	1,0	0,01	0,008	0,2
Normandie	3	3,7	0,03	0,010	1,1	1	1,0	0,01	0,008	0,2
Inconnue France	1	1,2	0,03	0,031	1,1	2	2,0	0,02	0,012	0,6
France Total	**8**	**9,8**	**0,10**	**0,013**	**3,7**	**8**	**8,1**	**0,07**	**0,009**	**1,7**
Grande-Bretagne	*14*	*17,1*	*0,81*	*0,058*	*29,4*	*22*	*22,2*	*1,37*	*0,062*	*32,1*
Irlande	*11*	*13,4*	*0,30*	*0,027*	*10,8*	*5*	*5,1*	*0,15*	*0,031*	*3,6*
Allemagne	*5*	*6,1*	*0,26*	*0,052*	*9,4*	*6*	*6,1*	*0,23*	*0,039*	*5,5*
Pays-Bas	*1*	*1,2*	*0,02*	*0,016*	*0,6*					
Suisse						1	1,0	0,00	0,004	0,1
Acadie	7	8,5	0,07	0,010	2,6	13	13,1	0,13	0,010	2,9
Canada & É.U	2	2,4	0,01	0,006	0,4	11	11,1	0,80	*0,073*	18,9
Indéterminée	*34*	*41,5*	*1,19*	*0,035*	*43,3*	*33*	*33,3*	*1,50*	*0,046*	*35,3*
Total	82	100,0	2,75	0,034	100,0	99	100,0	4,27	0,043	100,0

n : nombre de fondateurs; CGT : contribution génétique totale des fondateurs; CGM : contribution génétique moyenne des fondateurs

On note une augmentation du nombre des arrivants des îles britanniques. Le nombre des immigrants irlandais s'élève à 11 arrivants (13,4%) chez les cas et à cinq (5,1%) chez les témoins; ils contribuent génétiquement dans une proportion de 10,8% chez les cas et 3,6% chez les témoins avec une CGM de 0,03. Il y a cinq fondateurs allemands chez les cas et six chez les témoins qui correspondent à 6% des immigrants de cette époque dans les deux cohortes. Le pourcentage de leur CGT est 9,4% chez les cas et 5,5% chez les témoins avec une CGM supérieure à la moyenne de la période. L'immigration acadienne diminue à 13,1% chez les cas et 11,5% chez les témoins; la proportion de sa CGT diminue ainsi que la CGM qui devient inférieure à la moyenne. Le nombre des entrants du Canada et des États-Unis est réduit surtout chez les cas. Enfin, le nombre de fondateurs à origine indéterminée augmente.

Après 1765, la proportion des fondateurs communs baisse (40% chez les cas et 33% chez les témoins) (tableau 3.23), ainsi que leur CGT (égale à 1,30 chez les cas et 1,44 chez les témoins). La Grande-Bretagne fournit plus que la moitié de la CGT suivie par les fondateurs d'origine indéterminée; deux fondateurs allemands de sexe masculin montrent aussi une valeur relativement haute de la CGT (annexes 31 et 32).

La proportion des fondateurs spécifiques augmente dans les deux cohortes (60% et 67%) (tableau 3.23). Dans le groupe des cas, la CGT est égale à 1,45 dont la plus grande proportion est donnée par les fondateurs d'origine indéterminée suivis par les fondateurs irlandais; alors que dans le groupe des témoins, la CGT est égale à 2,82 dont le plus grand pourcentage est fourni par les fondateurs d'origine britannique dans le sous-groupe des hommes et par les fondateurs dont l'origine est indéterminée dans le sous-groupe des femmes (annexe 33).

À noter enfin qu'aucun fondateur marié après 1765 n'a une contribution génétique $\geq$ 0,2 parmi les généalogies des cas.

3.4.4 Fondateurs présents dans au moins 95 % des ascendances

Pour mieux fixer les régions d'origine qui ont contribué à presque toutes les ascendances étudiées, nous avons identifié tous les fondateurs immigrants présents dans au moins 95% des ascendances (61 sujets et plus) des cas et des témoins.

Le tableau 3.41 montre que 78 fondateurs sont présents dans 95% et plus des généalogies du groupe des cas; ils fournissent 52% de la CGT de l'ensemble des fondateurs. Soixante-et-un de ces individus se sont mariés avant 1660 et ont une CGT égale à 25,6 correspondant à 76,9% de la CGT du tableau 3.41 et à 40% de la CG totale de l'ensemble des fondateurs chez les cas (tableau 3.17). Le Perche fournit 21 fondateurs et contribue presque à 40% de la CGT des 61 individus. Malgré cela, c'est le Maine qui ressort avec la plus grande CGM (1,0574), suivi par l'Angoumois. Les fondateurs de l'Aunis et de l'Orléanais ont aussi des CGM assez élevées. Les 17 fondateurs restants se sont mariés entre 1660 et 1699; ils expliquent 23,1% de la CGT du tableau 3.41 et 12% de la CGT de l'ensemble des fondateurs chez les cas (tableau 3.17).

L'Aunis fournit le plus de fondateurs et montre la CGT la plus élevée alors que l'Angoumois possède la CGM la plus élevée. Les CGM des fondateurs retrouvés dans au moins 95% des généalogies des cas sont nettement supérieures à celles de l'ensemble des fondateurs des cas (tableau 3.24).

Tableau 3.41
Distribution, contribution génétique totale et contribution génétique moyenne des fondateurs et fondatrices immigrants présents dans au moins 95% des généalogies des cas par période de mariage, selon leur origine

Origine	avant 1660					1660 à 1699				
	F	H	Total	CGT	CGM	F	H	Total	CGT	CGM
Angoumois	0	1	1	0,9708	*0,9708*		1	1	0,9708	*0,9708*
Aunis	3	1	4	3,3422	*0,8355*	2	1	3	*1,4974*	0,4991
Beauce	1	1	2	0,2688	0,1344					
Bretagne	0	1	1	0,1578	0,1578		1	1	0,1772	0,1772
Brie	1	0	1	0,3442	0,3442					
Île-de-France	3	3	6	0,8641	0,1440		1	1	0,4619	0,4619
Limousin							1	1	0,1881	0,1881
Lorraine	0	1	1	0,0886	0,0886					
Lyonnais	0	1	1	0,2229	0,2229					
Maine	0	2	2	2,1147	*1,0574*		1	1	0,6445	0,6445
Normandie	3	6	9	3,3131	0,3681		2	2	0,8247	0,4124
Orléanais	1	0	1	0,7289	0,7289	1		1	0,3705	0,3705
Perche	8	13	*21*	*10,2047*	0,4859		1	1	0,5245	0,5245
Picardie							2	2	1,0068	0,5034
Poitou	2	1	3	0,6966	0,2322	1	1	2	0,7943	0,3971
Saintonge	2	1	3	0,4321	0,1440		1	1	0,2354	0,2354
France inconnue	2	1	3	1,1634	0,3878					
Grande-Bretagne	0	1	1	0,5671	0,5671					
Suisse	0	1	1	0,1282	0,1282					
Total	26	35	61	25,6083	0,4198	4	13	17	7,6962	0,4527

F : femmes; H : hommes; CGT : contribution génétique totale des fondateurs; CGM : contribution génétique moyenne des fondateurs

Dans les généalogies des témoins, 53 fondateurs immigrants ont été identifiés; ils ont une CGT de 25,5 correspondant presque à 40% du total de la CGT de l'ensemble des fondateurs des témoins. Quarante-quatre de ces ancêtres se sont mariés avant 1660 et montrent une CGT égale à 21,2 qui correspond à 83,4% de la CGT du tableau 3.42 et à 33,3 % de la CG totale de l'ensemble des fondateurs chez les témoins (tableau 3.17). Comme dans le groupe des cas, le Perche fournit le plus grand nombre d'individus (19) ainsi que la CGT la plus élevée (43,7%).

Tableau 3.42
Distribution, contribution génétique totale et contribution génétique moyenne des fondateurs et fondatrices immigrants présents dans au moins 95% des généalogies des témoins par période de mariage, selon leur origine

Origine	Avant 1660					1660-1699				
	F	H	Total	CGT	CGM	F	H	Total	CGT	CGM
Angoumois		1	1	0,8214	0,8214		1	1	0,8214	*0,8214*
Aunis	2		2	2,5179	*1,2589*	1	1	2	*1,1321*	0,5660
Bretagne		1	1	0,1472	0,1472					
Brie	1		1	0,3627	0,3627					
Lyonnais		1	1	0,2251	0,2251					
Maine		2	2	1,8853	*0,9426*		1	1	0,5691	0,5691
Normandie	3	5	8	2,8595	0,3574					
Orléanais	1		1	0,6151	0,6151					
Perche	7	*12*	*19*	*9,2738*	0,4881		1	1	0,5026	0,5026
Picardie							1	1	0,5082	0,5082
Poitou	1	1	2	0,5246	0,2623	2	1	3	0,6909	0,2303
Saintonge	1	1	2	0,3760	0,1880					
France inconnue	1	1	2	0,9545	0,4772					
Grande-Bretagne		1	1	0,5220	0,5220					
Suisse		1	1	0,1420	0,1420					
Total	17	27	44	21,2270	0,4824	3	6	9	4,2242	0,4694

F : femmes; H : hommes; CGT : contribution génétique totale des fondateurs; CGM : contribution génétique moyenne des fondateurs

Cependant ce sont les fondateurs de l'Aunis qui ont la CGM la plus élevée. Les neufs fondateurs mariés de 1660 à 1699 contribuent à 16,6% du total de la CGT du tableau 3.42 et à 6,6% de la CGT de l'ensemble des fondateurs des témoins. Le Poitou compte le plus de fondateurs; l'Aunis montre la plus grande CGT et l'Angoumois la CGM la plus élevée comme dans le groupe des cas. Les CGM de ce groupe sont un peu plus élevées que celles retrouvées chez les cas (tableau 3.41) et aussi beaucoup plus grandes que celles de l'ensemble des fondateurs des témoins.

SYNTHÈSE DES RÉSULTATS ET CONCLUSION

L'objectif principal de notre étude était de mener une analyse comparative des caractéristiques démogénétiques d'un groupe de 64 sujets porteurs d'une mutation dans le gène du récepteur des lipoprotéines LDL (LDLR-W66G), recrutés au Saguenay-Lac-Saint-Jean et suivis au Centre d'études cliniques ÉCOGENE-21, avec un groupe de 64 sujets témoins, choisis à partir du fichier BALSAC. Par cette comparaison, nous avons essayé de déterminer l'origine de cette mutation et la cause de sa haute prévalence au SLSJ. Deux tables d'ascendances des sujets porteurs (cas) et des témoins ont été construites suite à la reconstitution généalogique des 128 ascendances jusqu'à l'arrivée des premiers fondateurs (les fondateurs immigrants). Toutes les analyses ont été réalisées à l'aide des logiciels de la bibliothèque GENLIB 8.3 (Projet BALSAC, 2012). Les résultats de ces analyses ont montré qu'un effet fondateur et des liens de parenté éloignée ont joué un rôle important dans l'apparition et la haute prévalence de la mutation W66G au SLSJ.

Nous avons d'abord constaté que les plus fortes valeurs d'occurrence moyenne ont été observées parmi les ancêtres des sujets affectés, comme c'était le cas notamment dans l'étude de Plante et al. (2008). L'analyse et la comparaison des coefficients d'apparentement et de consanguinité ont montré un apparentement plus élevé chez les cas que chez les témoins (comme dans l'étude de Jomphe (1992) et Lambert (2002)), des liens de parenté proches faibles (concordant avec les résultats déjà observés dans une étude comparative de l'apparentement biologique entre les populations des régions du Québec (Vézina et al., 2004)) et de hauts niveaux de consanguinité et de parenté éloignées pour les deux corpus (comme dans Morin et al. (1993), De Braekeleer et al. (1993a) et Lambert (2002)). L'apparentement est généralement plus grand entre les conjoints qu'entre les individus de la population car pour toutes les générations, les coefficients de consanguinité sont plus élevés que les coefficients d'apparentement (Vézina et al., 2004). Les ancêtres communs aux deux groupes sont assez nombreux puisque les cas et les témoins appartiennent à la même population régionale. L'analyse de l'occurrence et du recouvrement de ces ancêtres communs a montré des valeurs beaucoup plus élevées que celles des ancêtres spécifiques à l'un ou l'autre groupe. Nous avons notamment dénombré 131 ancêtres communs à tous les cas (21 du côté des témoins).

La partie suivante de notre étude a comporté une analyse de comparaison de l'occurrence, du recouvrement, de l'origine et de la contribution des fondateurs régionaux et immigrants au pool génique des sujets de départ des deux groupes (cas et témoins) afin de trouver le ou les ancêtres susceptibles d'avoir introduit la mutation W66G dans la population. Les fondateurs régionaux ont été étudiés en premier. La région de Charlevoix fournit la majorité des fondateurs régionaux et la plus grande proportion de la contribution génétique (CG) aux sujets, aussi bien chez les cas (81%) que chez les témoins (72%). Cette importante contribution génétique des fondateurs charlevoisiens a été observée dans des études précédentes portant sur des maladies héréditaires au SLSJ comme l'acidose métabolique, l'ataxie spastique de Charlevoix-Saguenay, la tyrosinémie, la neuropathie sensitivomotrice avec ou sans agénésie du corps calleux et la fibrose kystique (Morin et al., 1993; De Braekeleer et al., 1993a; De Braekeleer et Larochelle, 1990; De Braekeleer et al., 1993b; Daigneault et al., 1991) ainsi que dans les études de Pouyez et Lavoie (1983), Gauvreau et al. (1991), Lambert (2002) et St Gelais (2004). Les paroisses de La Malbaie et Baie-St-Paul fournissent plus de la moitié des fondateurs dans les deux corpus. Le reste des fondateurs régionaux proviennent des régions de la Côte-du-Sud, du Bas-St Laurent et de la ville de Québec. Contrairement à l'étude de Lambert (2002), c'est Baie-Saint-Paul qui contribue le plus au pool génique des cas alors que La Malbaie occupe le premier rang chez les témoins. Les indices d'occurrence et de recouvrement des fondateurs régionaux sont très faibles. Un couple fondateur recouvre 8 des 64 sujets porteurs; marié avant 1855 à Baie-Saint-Paul, il montre une CG totale de 1,3125, correspondant à 2% du pool génique du corpus des cas. Ces deux fondateurs peuvent être parmi ceux qui ont introduit la mutation W66G au SLSJ.

L'analyse de la distribution et de la contribution génétique des fondateurs régionaux par période de mariage a montré qu'avant 1855, les fondateurs provenant de Baie-Saint-Paul ont la CG la plus élevée dans les deux cohortes; pour la période de 1855 à 1869, La Malbaie occupe le premier rang et nous remarquons l'augmentation du nombre et de la CG des fondateurs provenant de la Côte-du-Sud. Pour la période de 1870 à 1884, la paroisse Ste-Agnès occupe un rang avancé après Baie-Saint-Paul et La Malbaie; on observe chez les cas une contribution plus grande de St-Urbain-De-Charlevoix, par rapport aux périodes précédentes. Après 1884, nous remarquons plus de diversité par l'ouverture d'autres paroisses charlevoisiennes à l'émigration comme St-Hilarion et St-Siméon et l'augmentation importante du nombre et de la CG des fondateurs issus d'autres régions du Québec dans les deux groupes. À noter enfin que les fondateurs régionaux spécifiques représentent environ 80% de l'ensemble des fondateurs régionaux; cette proportion correspond aussi, à peu près, à celle de leur contribution génétique.

L'analyse réalisée sur l'ensemble des fondateurs immigrants a montré, comme dans des études précédentes (Lambert, 2002; St Gelais, 2004), la proportion très élevée des fondateurs communs aux deux corpus, plus grande chez les cas que chez les témoins; les valeurs de leur nombre d'occurrences sont beaucoup plus élevées que celles des fondateurs spécifiques. La grande majorité des fondateurs immigrants identifiés dans les généalogies sont venus de France (90%). Les CG totale et moyenne des fondateurs français sont plus élevées chez les cas que chez les témoins, ce qui s'explique notamment par leur plus forte valeur d'occurrence moyenne. Les autres fondateurs sont originaires de l'Acadie, de la Grande Bretagne, de l'Irlande, d'autres pays européens, du reste du Canada et des États-Unis. Pour chaque origine, le nombre des fondateurs identifiés chez les témoins est supérieur à celui chez les cas, ce qui reflète une plus grande diversité génétique parmi les témoins.

Comme dans l'étude de Heyer et al. (1997), nous avons remarqué que la Normandie, l'Île-de-France, le Poitou, l'Aunis et la Saintonge comptent plus de la moitié des fondateurs immigrants dans les deux cohortes. Mais ce sont les fondateurs originaires de la province du Perche qui possèdent les plus fortes CG totale et moyenne dans les deux cohortes. L'importance de la contribution génétique des fondateurs du Perche dans la population contemporaine québécoise en général et saguenayenne en particulier a déjà été démontrée dans des études antérieures (Charbonneau et al., 1987; De Braekeleer et Dao, 1994 (a et b); Heyer et al., 1997; Tremblay, 1999; Tremblay et al., 2000; Lambert, 2002; St-Gelais, 2004; Vézina et al., 2005; Plante et al., 2008). Par contre, l'étude de Jomphe (1992) a montré que la contribution génétique des Percherons était faible en comparaison avec celle des fondateurs du Centre-Ouest et de la Normandie.

Les fondateurs masculins représentent les deux tiers de l'ensemble des fondateurs immigrants dans les deux cohortes et ils expliquent aussi les deux tiers du pool génique des sujets de départ dans les deux corpus. Le nombre maximum de fondateurs masculins est fourni par la Normandie, mais les contributions génétiques maximales se retrouvent parmi les fondateurs percherons. Dans le groupe des femmes, l'Île-de-France fournit le plus grand nombre de fondatrices, l'Aunis affiche la CG totale maximale et le Perche la CG moyenne maximale. Dans l'ensemble, les origines géographiques des fondateurs masculins sont plus diversifiées que celles des fondatrices, comme l'avaient constaté Vézina et al. (2005) dans leur étude sur la contribution des fondateurs de la population québécoise.

Les analyses effectuées sur les fondateurs immigrants regroupés par période de mariage ont montré l'importance des fondateurs mariés avant 1660 qui, malgré qu'ils représentent seulement le quart des fondateurs immigrants, ont plus de la moitié de la CG totale des fondateurs immigrants et la CG moyenne la plus élevée parmi les quatre groupes étudiés. La très grande majorité de ces fondateurs sont communs aux deux cohortes car ils sont parmi les premiers pionniers de la Nouvelle-France et sont des ancêtres communs à la plus grande partie de la population canadienne-française actuelle (Charbonneau et al., 1987). Ils sont presque tous français (99%). Trente-et-un de ces fondateurs recouvrent les 64 généalogies chez les cas et 8 recouvrent à la fois les 64 sujets porteurs et les 64 sujets témoins; ils ont des valeurs de CG totale supérieures à 0,2 mais qui sont presque égales dans les deux cohortes, ne montrant ainsi aucune spécificité chez les cas pouvant indiquer un fondateur soupçonné d'avoir introduit la mutation W66G dans la population. Deux fondateurs formant un couple ont la CG individuelle la plus élevée, que ce soit pour la cohorte des cas (2,5667) ou celle des témoins (2,2839). L'homme est originaire du Perche et la femme de l'Aunis. C'est le même couple de fondateurs déjà identifié dans des études précédentes sur la population saguenayenne (Lambert, 2002; St Gelais, 2004). Ce couple recouvre tous les sujets affectés mais aussi 62 sujets témoins, donc on ne peut affirmer qu'il a introduit la mutation W66G dans la population.

La période suivante (1660 à 1699) a montré une grande augmentation du nombre de fondateurs immigrants dont la majorité est d'origine française, mais une diminution de leur contribution génétique totale (35% environ du total de la CG des fondateurs immigrants dans chacun des deux corpus), de leur CG moyenne (0,02 chez les cas et 0,01 chez les témoins) ainsi que de leurs valeurs d'occurrence. L'analyse du recouvrement montre 10 fondateurs communs (sept hommes et trois femmes) qui recouvrent les 64 sujets de départ chez les cas et qui ont une contribution génétique relativement haute (de 0,3705 à 0,9708) liée à leur nombre élevé d'occurrences; ces mêmes fondateurs recouvrent 58 à 62 généalogies des témoins et montrent des valeurs de CG totale légèrement inférieures à celles retrouvées chez les cas.

La période 1700 à 1765 est caractérisée par l'augmentation du nombre et de la CG des fondateurs acadiens et par la baisse du nombre des fondateurs français qui sont surtout des hommes. La Normandie demeure la plus importante province d'origine, avec la plus grande CG et ce, chez les cas comme chez les témoins. Après 1765, les origines se sont diversifiées. On note une augmentation du nombre des arrivants des îles britanniques, de l'Irlande et de l'Allemagne et une diminution de l'immigration acadienne et des entrants du reste du Canada et des États-Unis. Il n'y a pas de différence notable entre les cas et les témoins.

Ces résultats ont donc fait ressortir, comme dans les études de Bouchard et al. (1995), Heyer et Tremblay (1995), Heyer et al. (1997), Lambert (2002) et St Gelais (2004), l'importance des fondateurs du 17e siècle qui représentent plus de 80% de l'ensemble des fondateurs immigrants et expliquent plus de 80% du pool génique des sujets saguenayens affectés. Le regroupement des fondateurs selon leur période de mariage a permis de préciser les connaissances à ce sujet.

Enfin, nous avons identifié les fondateurs qui apparaissent dans au moins 95% des généalogies des cas et des témoins. La plupart de ces fondateurs se sont mariés avant 1660 et le Perche ressort encore une fois comme la province française ayant fourni le plus haut contingent et la plus grande CG parmi ces fondateurs. Nous retrouvons à peu près les mêmes résultats chez les cas et chez les témoins.

L'objectif visé lors de l'analyse des fondateurs immigrants était d'identifier un lieu d'origine pour la mutation W66G et de trouver le ou les fondateurs ayant vraisemblablement introduit la mutation dans la population canadienne-française. Les résultats issus de notre étude ne permettent pas de donner une réponse précise à ce sujet, car nous n'avons pas trouvé un ou des fondateurs qui montrent des particularités plus importantes dans la cohorte des cas par rapport à celle des témoins (tous les fondateurs avec une CG élevée parmi les cas ont aussi une CG élevée parmi les témoins). Ainsi, malgré que le Perche présente les CG les plus élevées, il ne peut pas être considéré comme étant la seule région d'origine probable de la mutation W66G. Comme les Percherons, établis en Nouvelle-France au milieu du 17e siècle, plusieurs fondateurs provenant d'autres régions françaises comme l'Île-de-France, l'Aunis, le Maine, l'Orléanais et l'Angoumois ou même d'autres pays européens (un de la Grande Bretagne et un de la Suisse notamment) ont fortement contribué au pool génique de l'ensemble de la population du SLSJ.

Nous espérons en terminant que ces résultats pourraient être utiles pour les recherches qui vont suivre sur la mutation W66G au SLSJ ou dans d'autres régions québécoises ainsi que pour des études portant sur d'autres mutations affectant le gène du LDLR. Nous proposons une autre étude comparative portée sur la même mutation au SLSJ avec un échantillon plus grand qui pourrait peut-être mieux cibler les fondateurs ayant introduit la mutation W66G dans la population canadienne française. Nous recommandons de refaire une étude récente de la délétion >15kb comportant des analyses généalogiques similaires à celles appliquées dans notre étude et sur un échantillon de sujets recrutés au Saguenay-Lac-Saint-Jean puisque cette mutation occupe la 2e place parmi les mutations associées à l'hypercholestérolémie familiale de la région. Les résultats seront plus intéressants pour pouvoir identifier les fondateurs porteurs de la mutation à la Nouvelle-France.

BIBLIOGRAPHIE

Aalto-Setala K, Koivisto UM, Miettinen TA, Gylling H, Kesaniemi YA, Savolainen M, Pyorala K, Ebeling T, Mononen I, Turtola H, Viikari J et Kontula K (1992). «Prevalence and geographical distribution of major LDL receptor gene rearrangements in Finland». *J Intern Med*; 231 (3): 227-234.

Abifadel M, Varret M, Rabes JP, Allard D, Ouguerram K, Devillers M, Cruaud C, Benjannet S, Wickham L, Erlich D, Derre A, Villeger L, Farnier M, Beucler I, Bruckert E, Chambaz J, Chanu B, Lecerf JM, Luc G, Moulin P, Weissenbach J, Prat A, Krempf M, Junien C, Seidah NG, Boileau C (2003). « Mutations in *PCSK9* cause autosomal dominant hypercholesterolemia ». *Nat Genet*; 34 (2): 154–156.

Abifadel M, Rabès JP, Jambart S, Halaby G, Gannagé Yared MH, Sarkis A, Beaino G, Varret M, Salem N, Corbani S, Aydénian H, Junien C., Munnich A et Boileau C (2009). «The Molecular Basis of Familial Hypercholesterolemia in Lebanon: Spectrum of LDLR Mutations and Role of PCSK9 as a Modifier Gene». *Human Mutation*; 30(7): 682- 691.

Allard D, Amsellem S, Abifadel M, Trillard M, Devillers M, Luc G, Krempf M, Reznik Y, Girardet JP, Fredenrich A, Junien C, Varret M, Boileau C, Benlian P et Rabes JP (2005). « Novel mutations of the PCSK9 gene cause variable phenotype of autosomal dominant hypercholesterolemia ». *Hum Mutat*; 26 (5): 497.

Andermann E, Andermann F, Carpenter S, Karpati G, Eisen A, Melançon D et Bergeron J (1976). «Familial agenesis of the corpus callosum with sensorimotor neuropathy: A new autosomal recessive syndtome originating in Charlevoix county». *Canadian Journal of Neurological Sciences*; 3: 155.

Arca M, Zuliani G, Wilund K, Campagna F, Fellin R, Bertolini S, Calandra S, Ricci G, Glorioso N, Maioli M, Pintus P, Carru C, Cossu F, Cohen J et Hobbs HH (2002). «Autosomal recessive hypercholesterolaemia in Sardinia, Italy, and mutations in ARH: a clinical and molecular genetic analysis». *Lancet*; 359 (9309): 841–847.

Barbeau A, Coiteaux C, Trudeau JG, Fulleim G (1964). « La chorée de Huntington chez les Canadiens français: étude préliminaire ». *L'Union médicale du Canada;* 93 : 1178-1183.

Barbeau A, Le siège M, Breton G, Coallier R et Bouchard JP (1976). « Friedreich's Ataxia: Preliminary results of some genealogical research ». *The Canadian Journal of Neurologocal Sciences*; 3, 4: 303-306.

Berg K et Heiberg A (1978). «Linkage between familial hypercholesterolemia with xanthomatosis and the C3 polymorphism confirmed». *Cytogenet Cell Genet*; 22(1-6): 621-623.

Berge KE, Tian H, Graf GA, Yu L, Grishin NV, Schultz J, Kwiterovich P, Shan B, Barnes R et Hobbs HH (2000). «Accumulation of dietary cholesterol in sitosterolemia caused by mutations in adjacent ABC transporters». *Science*; 290 (5497): 1771–1775.

Bergeron J, Normand T, Bharucha A, VenMurthy MR, Julien P, Gagné C, Dionne C, De Braekeleer M, Brun D, Hayden MR et Lupien PJ (1992). « Prevalence, geographical distribution and genealogical investigations of mutation 188 of lipoprotein lipase gene in the French Canadian population of Québec». *Clinical Genetics*; 41: 206-210.

Bernier L, Boulet L, Roy M, Dufour R, Larivière F, Davignon J (2008). «Two new large deletions in the low density lipoprotein receptor (*LDLR*) gene not revealed by PCR-based molecular diagnosis of familial hypercholesterolemia». *Atherosclerosis*; 197(1): 118-124.

Bherer C (2006). *Caractérisation du pool génique de Lanaudière: analyse démogénétique et étude épidémiogénétique de la névrite héréditaire NHSA2*. Mémoire de maîtrise en médecine expérimentale, UQAC et Université Laval.

BMS 2000 (2011). Base de données généalogiques (baptêmes, mariages, sépultures), https://www.bms2000.org/Default.aspx (consultée le 03-06-2012).

Bouchard G, Laberge C, Scriver CR, Glorieux F, Declos M, Bergeron L, Larochelle J et Mortezai S (1984). « Étude démographique et généalogique de deux maladies héréditaires au Saguenay ». *Cahiers québécois de démographie*; 13, 1: 117-137.

Bouchard G, Laberge C et scriver CR (1985). « La tyrosinémie héréditaire et le rachitisme vitamino-dépendant au Saguenay. Une approche génétique et démographique ». *L'Union médicale du Canada*; 114: 633-636.

Bouchard G, Roy R, Declos M, Kouladjian K et Mathieu J (1988). « La diffusion du gène de la dystrophie myotonique au Saguenay (Québec) ». *Journal de génétique humaine*; 36,3 : 221-237.

Bouchard G, Roy R, Declos M, Mathieu J et Kouladjian K (1989). « Origin and diffusion of the myotonic dystrophy gene in the Saguenay region ». *Canadian Journal of Neurological Sciences*; 16: 119-122.

Bouchard G et De Braekeleer M (1991). *Histoire d'un génome: population et génétique dans l'est du Québec*. Presses de l'Université du Québec, Québec, 607 p.

Bouchard G, Laberge C, Scriver CR (1991). « Comportements démographiques et effets fondateurs dans la population du Québec (XVIIe-XXe siècles) », dans *Historiens et populations, Liber Amicorum Etienne Hélin*. Louvain-la-Neuve, Academia: 319-330.

Bouchard G et De Braekeleer M (1992). *Pourguoi des maladies héréditaires? Population et génétique au Saguenay Lac-St-Jean*. Éditions du Septentrion, Sillery, Québec, 184 p.

Bouchard G et Courville S (1993). *La Construction d'une culture: le Québec et l'Amérique française*, CEFAN, Les Presses de l'Université Laval.

Bouchard G, Charbonneau H, Desjardins B, Heyer É, Tremblay M (1995). «Mobilité géographique et stratification du pool génique canadien-français sous le Régime français». Dans *Les chemins de la migration en Belgique et au Québec, du XVIIe au XXe siècle*, Éditions Acadèmia, Louvain-La-Neuve, pp. 51-59.

Bouchard JP, Barbeau A, Bouchard R et Bouchard RW (1978). « Autosomal recessive spastic ataxia of Charlevoix-Saguenay ». *Canadian Journal of Neurological Sciences*; 5: 61-69.

Bouchard JP, Barbeau A, Bouchard R, Paquet M et Bouchard RW (1979). « A cluster of Friedreich's ataxia in Rimouski ». *Canadian Journal of Neurological Sciences*; 6: 205-208.

Brown MS et Goldstein JL (1986). « A receptor-mediated pathway for cholesterol homeostasis ». *Science;* 232 (4746): 34-47.

Cantin L, Mathieu J, De Braekeleer M et Vigneault A (1988). « Anévrysmes intracrâniens familiaux: étude de 9 familles saguenayennes ». *Canadian Journal of Neurological Sciences;* 15: 194-195.

Cazes MH et Cazes P (1996). « Comment mesurer la profondeur généalogique d'une ascendance ? ». *Population*; 51 (1): 117-140.

Charbonneau H, Desjardins B, Guillemette A, Landry Y, Légaré J, Nault F, Bates R et Boleda M (1987). *Naissance d'une population. Les Français établis au Canada au XVIIe siècle*. Institut national d'études démographiques (Paris) et Presses de l'Université de Montréal, 232 p.

Cohen J, Pertsemlidis A, Kotowski IK, Graham R, Garcia CK, Hobbs HH (2005). « Low LDL cholesterol in individuals of African descent resulting from frequent nonsense mutations in PCSK9 ». *Nature Genet;* 37: 161-165. Note: Erratum: *Nature Genet*; 37: 328.

Cohen JC, Boerwinkle E, Mosley TH Jr et Hobbs HH (2006). « Sequence variations in PCSK9, low LDL, and protection against coronary heart disease ». *New Eng J Med;* 354 (12): 1264-1272.

Couture P, Vohl MC, Gagné C, Gaudet D, Torres AL, Lupien PJ, Després JP, Labrie F, Simard J et Moorjani S (1998). « Identification of three mutations in the low-density lipoprotein receptor gene causing familial hypercholesterolemia among French Canadians ». *Hum Mutat;* Suppl:226-231.

Couture P, Morissette J, Gaudet D, Vohl MC, Gagné C, Bergeron J, Despres JP et Simard J (1999). « Fine mapping of low-density lipoprotein receptor gene by genetic linkage on chromosome 19p13.1-p13.3 and study of the fonder effect of four French Canadian low-density lipoprotein receptor gene mutations ». *Atherosclerosis;* 143 (1): 145-151.

Daigneault J, Aubin G, Simard F et De Braekeleer M (1991). « Genetic epidemiology of cystic fibrosis in Saguenay-Lac-St-Jean (Québec, Canada) ». *Clinical Genetics;* 40: 298-303.

De Braekeleer M et Larochelle J (1990). « Genetic epidemiology of hereditary tyrosinemia in Quebec and in Saguenay-Lac-St-Jean ». *American Journal of Human Genetics;* 47: 302-307.

De Braekeleer M et Larochelle J (1991). « Population genetics of vitamin D-dependant rickets in northeastern Québec ». *Annals of Human Genetics;* 55: 283-290.

De Braekeleer M, Dionne C, Gagné C, Julien P, Brun D, VenMurthy MR et Lupien PJ (1991). « Founder effect in familial hyperchylomicronemia among French Canadians of Quebec ». *Human heredity;* 41: 168-173.

De Braekeleer M, Vigneault A et Simard H (1992). «Population genetics of hereditary hemochromatosis in Saguenay-Lac-Saint-Jean (Quebec, Canada) ». *Annales de génétique;* 35 (4): 202-207.
De Braekeleer M, Giasson F, Mathieu J, Roy M, Bouchard JP et Morgan K (1993a). «Genetic epidemiology of autosomal recessive spastic ataxia of Charlevoix-Saguenay in northeastern Quebec». *Genetic Epidemiology;* 10: 17-25.

De Braekeleer M, Dallaire A et Mathieu J (1993b). « Genetic epidemiology of sensorimotor polyneuropathy with or without agenesis of the corpus callosum in northeastern Quebec ». *Human Genetics;* 91: 223-227.

De Braekeleer M et Dao TN (1994 a). « Hereditary disorders in the French Canadian population of Quebec. I. In search of founders ». *Hum Biol;* 66:205-223.

De Braekeleer, M et Dao TN (1994 b). « Hereditary disorders in the French Canadian population of Quebec. II. Contribution of Perche». *Hum Biol*; 66:225-249.

De Braekeleer M, Pérusse L, Cantin L, Bouchard JM et Mathieu J (1996). « A study of inbreeding and kinship in intracranial aneurysms in the Sagunay-Lac-Saint-Jean (Quebec, Canada) ». *Annals of Human Genetics*; 60:99-104.

Dionne C, Gagné C, Julien P, Murthy MRV, Lambert M, Roederer G, Davignon J, Hayden MR, Lupien PJ et De Breakeleer M (1992). « Genetic epidemiology of lipoprotein lipase deficiency in Saguenay-Lac-saint-Jean (Québec, Canada) ». *Annales de génétique;* 35, 2: 89-92.

Dionne C, Gagné C, Julien P, Murthy MRV, Roederer G, Davignon J, Lambert M, Chitayat D, MA R, Henderson H, Lupien PJ, Hayden MR et De Braekeleer M (1993). « Genealogy and regional distribution of lipoprotein lipase deficiency in French-Canadians of Quebec ». *Human Biology*; 65: 29-39.

Eden ER, Naoumova RP, Burden JJ, McCarthy MI et Soutar AK (2001). « Use of homozygosity mapping to identify a region on chromosome 1 bearing a defective gene that causes autosomal recessive homozygous hypercholesterolemia in two unrelated families ». *Am J Hum Genet*; 68 (3): 653–660.

Elston RC, Namboodiri KK, Go RC, Siervogel RM et Glueck CJ (1976). « Probable linkage between essential familial hypercholesterolemia and third complement component (C3) ». *Birth Defects Orig Artie Ser;* 12(7): 294-297.

Fielding CJ et Havel RJ (1977). « Lipoprotein lipase ». *Arch Pathol Lab Med;* 101: 225-229.

Fredrickson DS, Levy RI et Lees RS (1967). « Fat transport in lipoproteins—an integrated approach to mechanisms and disorders ». *N Engl J Med*; 276(5): 273-281 concl.

Gagné C, Moorjani S, Brun D, Toussaint M et Lupien PJ (1979). « Heterozygous familial hypercholesterolemia. Relationship between plasma lipids, lipoproteins, clinical manifestations and ischaemic heart disease in men and women ». *Atherosclerosis*; 34 (1): 13-24.

Gagné C, Moorjani S, Torres AL, Brun D et Lupien PJ (1994). «Homozygous familial hypercholesterolaemia». *Lancet*; 343:177.

Gagné C et Gaudet D (1997). *Les dyslipoprotéinémies: L'approche clinique.* Québec: 157 p.

Garcia CK, Wilund K, Arca M, Zuliani G, Fellin R, Maioli M, Calandra S, Bertolini S, Cossu F, Grishin N, Barnes R, Cohen JC et Hobbs HH (2001). « Autosomal recessive hypercholesterolemia caused by mutations in a putative LDL receptor adaptor protein ». *Science*; 292 (5520): 1394–1398.

Gauvreau D, Guérin M et Hamel M (1991). « De Charlevoix au Saguenay: mesure et caractéristiques du mouvement migratoire avant 1911 ». Dans Bouchard G et De Braekeleer M. *Histoire d'un génome: Population et génétique dans l'est du Québec.* Presses de l'Université du Québec, Québec, p. 145-159.

Ginsberg HN et Goldberg IJ (1998). « Disorders of Lipoprotein Metabolism ». In Fauci AS, Braunwald E, Isselbacher KJ, Wilson JD, Martin JB, Kasper DL, Hauser SL et Longo DL, eds. *Harrison's Principles of Internal Medicine,* 14th ed. New York: McGraw-Hill, 2138–2149.

Goldstein JL et Brown MS (1974). « Binding and degradation of low density lipoproteins by cultured human fibroblasts. Comparison of cells from a normal subject and from a patient with homozygous familial hypercholesterolemia ». *J Biol Chem*; 249 (16): 5153-5162.

Goldstein JL et Brown MS (1979). « The LDL receptor locus and the genetics of familial hypercholesterolemia ». *Annu Rev Genet*; 13: 259-289.

Goldstein JL, Brown MS, Anderson RGW, Russell DW et Schneider WJ (1985). «Receptor-mediated endocytosis: concepts emerging from the LDL receptor system». *Annu Rev Cell Biol*; 1: 1-39.

Goldstein JL, Hobbs HH et Brown MS (1995). «Familial hypercholesterolemia», In Scriver CR, Beaudet AL, Sly WS, Valle D, eds. *The metabolic and molecular bases of inherited diseases,* $7^{th}ed$. New York: McGraw Hill: 1981-2030.

Goldstein JL, Hobbs HH et Brown MS (2000). «*Familial Hypercholesterolemia*», New York, NY: McGraw-Hill Publishing Co., 2863-2913.

Goldstein JL et Brown MS (2001). «Molecular medicine.The cholesterol quartet». *Science*; 292 (5520): 1310–1312.

Green PH et Glickman RM (1981). « Intestinal lipoprotein metabolism ». *Journal of Lipid Research;* 22 (8): 1153–1173.

GRIG (2009). Groupe de Recherche Interdisciplinaire en démographie et épidémiologie Génétique, Chicoutimi,
http://www.uqac.ca/grig/pagesgrig.php?num=6

Gudnason V, Sigurdsson G, Nissen H et Humphries SE (1997). «Common founder mutation in the LDL receptor gene causing familial hypercholesterolaemia in the Icelandic population». *Hum Mutat*; 10 (1): 36–44.

Havel RJ, Goldestein JL et Brown MS (1980). « Lipoproteins and lipid transport ». In Bondy PK, Rosenberg LE, eds. *Metabolic Control and Disease*, 8th ed.Philadelphia: WB Saunders: 393-494.

Havel RJ (1984). «The formation of LDL: mechanisms and regulation». *J Lipid Res;* 25 (13): 1570-1576.

Heath KE, Gahan M, Whittall RA et Humphries SE (2001). « Low-density lipoprotein receptor gene (LDLR) world-wide website in familial hypercholesterolaemia: update, new features and mutation analysis ». *Atherosclerosis Journal*; 154 (1): 243–246.

Heyer E et Tremblay M (1995). « Variability of the genetic contribution of Quebec population founders associated to some deleterious genes ». *American Journal of Human Genetics;* 56: 970-978.

Heyer E, Tremblay M, Desjardins B (1997). « Seventeenth-century European origins of hereditary diseases in the Saguenay population (Quebec, Canada) ». *Hum Biol*: 69: 209-225.

Hobbs HH, Brown MS, Russell DW, Davignon J et Goldstein JL (1987). « Deletion in the gene for the low-density-lipoprotein receptor in a majority of French Canadians with familial hypercholesterolemia ». *New England Journal of Medicine*; 317(12): 734-737.

Hobbs HH, Brown MS et Goldstein JL (1992). « Molecular genetics of the LDL receptor gene in familial hypercholesterolemia ». *Human mutation journal*; 1 (6): 445–466.

Holla ØL, Nakken S, Mattingsdal M, Ranheim T, Berge KE, Defesche JC et Leren TP (2009). « Effects of intronic mutations in the LDLR gene on pre-mRNA splicing: Comparison of wet-lab and bioinformatics analyses ». *Molecular Genetics and Metabolism*; 96(4): 245-252.

Innerarity TL, Weisgraber KH, Arnold KS, Mahley RW, Krauss RM, Vega GL et Grundy SM (1987). « Familial defective apolipoprotein B-100: low density lipoproteins with abnormal receptor binding ». *Proc Natl Acad Sci U S A*; 84 (19): 6919–6923.

Institut de la statistique du Québec, 2011: http://www.stat.gouv.qc.ca/regions/profils/region_02/region_02_00.htm (consultée le 15-05-2012).

Jetté R (1991). *Traité de généalogie.* Les presses de l'Université de Montréal, Québec, Canada, 716 p.

Jetté R, Gauvreau D et Guérin M (1991). « Aux origines d'une région: le peuplement fondateur de Charlevoix avant 1850 ». Dans Bouchard G et De Braekeleer M. *Histoire d'un génome: Population et génétique dans l'est du Québec.* Presses de l'Université du Québec, Québec, p.75-106.

Jomphe M (1992). *Recherche d'un effet fondateur de la mutation dite canadienne-française de l'hypercholestérolémie familiale au Québec.* Mémoire de maîtrise en médecine expérimentale, UQAC et Université Laval.

Jomphe M, Tremblay M et Vézina H (2000). *Analyses généalogiques à partir du fichier RETRO.* Document 1-C-204, IREP, 15 p.

Jomphe M, Tremblay M et Vézina H (2002). *Analyses généalogiques à partir du fichier RETRO.* Document 1-C-215 de PROJET BALSAC, version révisée de 1-C-204, 23 p.

Jones AL, Hradek GT, Hornick CA, Renaud G, Windler EET et Havel RJ (1984). «Uptake and processing of remnants of chylomicrons and very low density lipoproteins by rat liver». *J. Lipid Res*; 25 (11): 1151-1158.

Kaposi M (1874). « Xanthoma ». In Hebra F and Kaposi M. *On diseases of the skin, including the exanthemata.* The New Sydenham Society, London, volume 3, p.343-357.

Khachadurian AK (1964). «The inheritance of essential familial hypercholesterolemia ». *American Journal of Medicine*; 37: 402-407.

Knott TJ, Rall SC Jr, Innerarity TL, Jacobson SF, Urdea MS, Levy-Wilson B, Powell LM, Pease RJ, Eddy R, Nakai H, Byers M, Priestley LM, Robertson E, Rall LB et Betcholtz C (1985). « Human apolipoprotein B: structure of carboxyl-terminal domains, sites of gene expression, and chromosomal localization ». *Science*; 230: 37–43.

Laberge C (1969). « Hereditary tyrosinemia in a French Canadian isolate ». *American Journal of Human Genetics*; 21: 36-45.

Lambert JF (2002). *Effet fondateur et origine de la mutation D9N du gène de la lipase lipoprotéique au sein de la population du Saguenay-Lac-St-Jean.* Mémoire de maîtrise en médecine expérimentale, UQAC et Université Laval.

Landry Y (1992). *Orphelines en France, pionnières au Canada. Les Filles du roi au XVIIe siècle*. Leméac.

Landsberger D, Meiner V, Reshef A, Levy Y, Van der Westhuyzen DR, Coetzee GA et Leitersdorf E (1992). « A nonsense mutation in the LDL receptor gene leads to familial hypercholesterolemia in the Druze sect ». *Am J Hum Genet*; 50 (2): 427–433.

Lavoie EM, Tremblay M, Houde L et Vézina H (2005). « Demogenetic study of three populations within a region with strong founder effects ». *Community Genetics;* 8: 152-160.

Law SW, Lackner KJ, Hospattankar AV, Anchors JM, Sakaguchi AY, Naylor SL et Brewer HB Jr (1985). «Human apolipoprotein B-100: cloning, analysis of liver mRNA, and assignment of the gene to chromosome 2». *Proc Natl Acad Sci U S A*; 82 (24): 8340–8344.

Lehrman MA, Schneider WJ, Brown MS, Davis CG, Elhammer A, Russell DW et Goldstein JL (1987). « The Lebanese allele at the low density lipoprotein receptor locus. Nonsense mutation produces truncated receptor that is retained in endoplasmic reticulum ». *J Biol Chem;* 262 (1): 401-410.

Leitersdorf E, Van Der Westhuyzen DR, Coetzee GA et Hobbs HH (1989). « Two common low density lipoprotein receptor gene mutations cause familial hypercholesterolemia in Afrikaners ». *J Clin Invest*; 84 (3): 954-961.

Leitersdorf E, Tobin EJ, Davignon J et Hobbs HH (1990). « Common low-density lipoprotein receptor mutations in the French Canadian population ». *J Clin Invest*; 85 (4): 1014-1023.

Leren TP (2004). «Mutations in the PCSK9 gene in Norwegian subjects with autosomal dominant hypercholesterolemia». *Clin Genet*; 65 (5): 419–422.

Lindgren V, Luskey KL, Russell DW et Francke U (1985). « Human genes involved in cholesterol metabolism: chromosomal mapping of the loci for the low density lipoprotein receptor and 3-hydroxy-3-methylglutaryl-coenzyme Areductase with cDNA probes ». *Proceedings of the National Academy of Sciences-U S A*; 82 (24): 8567–8571.

Ma YH, Betard C, Roy M, Davignon J et Kessling AM (1989). « Identification of a second "French Canadian" LDL receptor gene deletion and development of a rapid method to detect both deletions ». *Clin Genet*, 36 (4): 219-228.

Malécot G (1948). *Les mathématiques de l'hérédité*, Paris, Masson, 60 p.

Mathieu J, De Braekeleer M et Prévot C (1990). « Genealogical reconstruction of myotonidistrophy in the Saguenay-Lac-Saint-Jean area (Québec, Canada) ». *Neurology*, 40: 839-842.

Meiner V, Landsberger D, Berkman N, Reshef A, Segal P, Seftel HC, Van Der Westhuyzen DR, Jeenah MS, Coetzee GA et Leitersdorf E (1991). « A common Lithuanian mutation causing familial hypercholesterolemia in Ashkenazi Jews ». *Am J Hum Genet;* 49 (2): 443-449.

Moorjani S, Roy M, Gagné C, Davignon J, Brun D, Toussaint M, Lambert M, Campeau L, Blaichman S et Lupien P (1989). « Homozygous familial hypercholesterolemia among French Canadians in Québec Province ». *Arteriosclerosis*; 9 (2): 211-216.

Moorjani S, Roy M, Torres A, Bétard C, Gagné C, Lambert M, Brun D, Davignon J et Lupien P (1993). « Mutations of low-density-lipoprotein-receptor gene, variation in plasma cholesterol, and expression of coronary heart disease in homozygous familial hypercholesterolaemia ». *Lancet*; 341 (8856): 1303-1306.

Morin C, Mitchell G, Larochelle J, Lambert M, Ogier H, Robinson BH et De Braekeleer M (1993). « Clinical, metabolic, and genetic aspects of cytochrome C oxidase deficiency in Saguenay-Lac-Saint-Jean ». *American Journal of Human Genetics*; 53: 488-496.

Müller CA (1938). «Xanthomata, hypercholesterolemia, angina pectoris». *Acta Medica Scandinavica, Stockholm;* 89 (Supplement): 75-84.

Nigon F, Lesnik P, Rouis M et Chapman MJ (1991). «Discrete subspecies of human low density lipoproteins are heterogeneous in their interaction with the cellular LDL recepto». *Journal of Lipid Research*; 32 (11): 1741-1753.

Normand T, Bergeron J, Fernandez-Margallo T, Bharucha A, VenMurthy MR, Julien P, Gagné C, Dionne C, De Breakeleer M, Ma R, Hayden MR et Lupien PJ (1992). « Geographic distribution and genealogy of mutation 207 of the lipoprotein lipase gene in the French Canadian population of Quebec». *Human Genetics*; 89: 671-675.

Odelberg W, ed (1986). *Les prix Nobel 1985*. Nobel Foundation, Stockholm.

Ott J, Schrott HG, Goldstein JL, Hazzard WR, Allen FH, Jr, Falk CT et Motulsky AG (1974). «Linkage studies in a large kindred with familial hypercholesterolemia». *Am J Hum Genet*; 26(5): 598-603.

Pisciotta L, Priore Oliva C, Cefalù AB, Noto D, Bellocchio A, Fresa R, Cantafora A, Patel D, Averna M, Tarugi P, Calandra S et Bertolini S (2006). «Additive effect of mutations in LDLR and PCSK9 genes on the phenotype of familial hypercholesterolemia». *Atherosclerosis*; 186(2): 433-440.

Plante M, Claveau S, Lepage P, Lavoie È-M, Brunet S, Roquis D, Morin C, Vezina H, Laprise C (2008). « MucolipidosisII: a single causal mutation in the N-acetylglucosamine-1-phosphotransferase gene (GNPTAB) in a French Canadian founder population ». *Clinical genetics*; 73: 236-244.

Pouyez C et Lavoie Y (1983). *Les Saguenayens. Introduction à l'histoire des populations du Saguenay, XVIe-XXe siècles.* Sillery, Presses de l'Université du Québec.

Projet BALSAC (2012). http://balsac.uqac.ca/acces-aux-donnees-2/service-aux-chercheurs/

Raitakari OT, Juonala M, Kahonen M, Taittonen L, Laitinen T, Maki-Torkko N, Jarvisalo MJ, Uhari M, Jokinen E, Ronnemaa T, Akerblom HK et Viikari JS (2003). «Cardiovalcular risk factors in childhood and carotid artery intima-media thickness in adulthood: the Cardiovascular Risk in Yong Finns Study». *JAMA*; 290 (17): 2277-2283.

Redgrave TG (1999). «Chylomicrons». In *Lipoproteins in health and disease.* Arnold, Hodder Headline Group, London, pages: 31-54.

Roy R, Declos M, Bouchard G et Mathieu J (1989). « La reproduction des familles touchées par la dystrophie de Steinert au Saguenay (Québec), 1885-1971: paramètres démographiques ». *Genus*; 45, 3-4 : 65-82.

Roy R, Bouchard G et Declos M (1991). «La première génération de Saguenayens». Dans Bouchard G et De Braekeleer M. *Histoire d'un génome: Population et génétique dans l'est du Québec.* Presses de l'Université du Québec, Québec, p.163-186.

St Gelais E (2004). *L'hyperglycérolémie familiale au Saguenay-Lac-Saint-Jean: étude démogénétique et origine de la mutation N288D du gène de la glycérol kinase.* Mémoire de maîtrise en médecine expérimentale, UQAC et Université Laval.

Schneider WJ, Beisiegel U, Goldstein JL et Brown MS (1982). «Purification of the low density lipoprotein receptor, an acidic glycoprotein of 164,000 molecular weight». *J Biol Chem*; 257: 2664-2673.

Scriver CR (2001): «Human Genetics: Lessons from Quebec Populations». *Annual Review of Genomics and Human Genetics*; 2: 69-101.

Seftel HC, Baker SG, Jenkins T et Mendelsohn D (1989). *«Prevalence of familial hypercholesterolemia in Johannesburg Jews».* Am J Med Genet; 34 (4): 545-547.

Slack J (1979). «Inheritance of familial hypercholesterolemia». *Atheroscler Rev*; 5: 35–66.

Slimane MN, Pousse H, Maatoug F, HammamiM et Ben Farhat MH (1993). «Phenotypic expression of familial hypercholesterolaemia in central and southern Tunisia». *Atherosclerosis*; 104: 153-158.

Soutar AK, Naoumova RP et Traub LM (2003). «Genetics, clinical phenotype, and molecular cell biology of autosomal recessive hypercholesterolemia». *Arterioscler Thromb Vasc Biol*; 23: 1963–1970.

Statistique Canada (1999). *Mortalité, Liste sommaire des causes, 1997, Tableaux standards.* Ottawa : Statistique Canada, 195 p.

Steinberg (2005). « An interpretive history of the cholesterol controversy: part II: the early evidence linking hypercholesterolemia to coronary disease in humans ». *Journal of Lipid Research;* 46: 179-190.

Sudhof TC, Goldstein JL, Brown MS et Russell DW (1985). «The LDL receptor gene: a mosaic of exons shared with different proteins». *Science*; 228: 815-822.

Sun XM, Eden ER, Tosi I, Neuwirth CK, Wile D, Naoumova RP et Soutar AK (2005). «Evidence for effect of mutant PCSK9 on apolipoprotein B secretion as the cause of unusually severe dominant hypercholesterolaemia». *Hum Mol Genet;* 14 (9): 1161–1169.

Tall AR (1990). « Plasma high density lipoproteins. Metabolism and relationship to atherogenesis ». *J Clin Invest*; 86(2): 379–384.

Thom TJ (1989). « International mortality from heart disease: rates and trends », *International Journal of Epidemiology*, 18: S20-S28.

Thompson E (1986). *Pedigree Analysis in Human Genetics.* The Johns Hopkins University Press, Baltimore.

Timms KM, Wagner S, Samuels ME, Forbey K, Goldfine H, Jammulapati S, Skolnick MH, Hopkins PN, Hunt SC et Shattuck DM (2004). « A mutation in PCSK9 causing autosomal-dominant hypercholesterolemia in a Utah pedigree ». *Hum Genet*; 114 (4): 349–353.

Tremblay M (1999). « Origines, mariages et descendances des principaux fondateurs percherons établis en Nouvelle-France au XVIIe siècle ». *Cahiers Percherons*, 99 (1): 28-48.

Tremblay M et Vézina H (2000). « New estimates of intergenerational time intervals for the calculation of age and origins of mutations ». *The American Journal of Human Genetics*; 66: 651-658.

Tremblay M, Gagnon N, Heyer E (2000). « A genealogical analysis of two eastern Quebec populations». *Canadian Studies in Population*: 27 (2): 307-327.

Tremblay-Tymczuk S, Mathieu J, Morgan K, Bouchard JP, et De Braekeleer M (1992). «Étude généalogique de la dystrophie oculo-pharyngée au Saguenay-Lac-Saint-Jean, Québec, Canada ». *Revue neurologique*; 148 : 601-604.

Varret M, Abifadel M, Rabès JP et Boileau C (2008). «Genetic heterogeneity of autosomal dominant hypercholesterolemia». *Clinical Genetics*; 73 (1): 1–13.

Vézina H, Tremblay M et Houde L (2004). «Mesures de l'apparentement biologique au Saguenay-Lac-St-Jean (Québec, Canada) à partir de reconstitutions généalogiques». *Annales de démographie historique*; 2 (108): 67-84.

Vézina H, Tremblay M, Desjardins B et Houde L (2005). « Origines et contributions génétiques des fondatrices et des fondateurs de la population québécoise ». *Cahiers québécois de démographie*, 34 (2): 235-258.

Vézina H (2010). *Projet BALSAC, Rapport annuel 2009-2010,* Chicoutimi, 47 p.

Vézina H (2011). *Projet BALSAC, Rapport annuel 2010-2011,* Chicoutimi, 40 p.

Vohl MC, Moorjani S, Roy M, Gaudet D, Torres AL, Minnich A, Gagné C, Tremblay G, Lambert M, Bergeron J, Couture P, Perron P, Blaichman S, Brun LD, Davignon J, Lupien PJ et Després JP (1997). « Geographic distribution of French-Canadian low-density lipoprotein receptor gene mutations in the Province of Quebec ». *Clin Genet*; 52 (1):1-6.

Vuorio AF, Turtola H, Piilahti KM, Repo P, Kanninen T et Kontula K (1997). «Familial hypercholesterolemia in the Finnish north Karelia. A molecular, clinical, and genealogical study». *Arterioscler Thromb Vasc Biol*; 17 (11): 3127–3138.

Yamamoto T, Davis CG, Brown MS, Schneider WJ, Casey ML, Goldstein JL et Russell DW (1984). « The human LDL receptor: a cysteine-rich protein with multiple Alu sequences in its mRNA ». *Cell*; 39 (1): 27-38.

ANNEXES

Annexe 1
Répartition des sujets selon leur lieu de naissance et leur sexe

Lieu de naissance	Homme	Femme	Total
Albanel	0	1	1
Alma	5	5	10
Arvida	1	0	1
Bégin	1	2	3
Chicoutimi	6	9	15
Desbiens	0	2	2
Dolbeau	1	1	2
Héberville-Station	0	1	1
Jonquière	6	4	10
La Baie	2	2	4
La Doré	0	1	1
Lac-à-la-Croix	1	0	1
Laterrière	1	1	2
Métabetchouan	2	1	3
Normandin	1	0	1
Roberval	0	2	2
St-Bruno	1	1	2
St-Félicien	0	1	1
St-Gédéon	0	1	1
Ste-Rose-Du-Nord	0	1	1
Total	**28**	**36**	**64**

Annexe 2
Années moyennes de mariage des ancêtres de l'ensemble des cas et des témoins, par génération (génération 1 = celle des parents)

Génération	Cas	Témoins
1	1942	1942
2	1910	1911
3	1879	1879
4	1847	1848
5	1816	1817
6	1785	1786
7	1755	1756
8	1724	1725
9	1694	1695
10	1674	1675
11	1660	1661
12	1647	1649
13	1633	1637
14	1619	1622
15	1613	1603

Annexe 3
Complétude (%) et implexe (%) des généalogies des cas et des témoins, par génération (génération 1 = celle des parents)

Génération	Complétude		Implexe	
	Cas	Témoins	Cas	Témoins
1	100,00	100,00	100,00	100,00
2	100,00	99,22	100,00	99,22
3	100,00	98,44	99,61	97,66
4	99,80	98,05	98,83	96,88
5	99,22	97,17	97,56	95,02
6	98,10	95,90	95,07	92,14
7	96,95	94,85	89,61	86,80
8	95,19	92,98	76,18	75,01
9	92,36	89,67	58,23	58,70
10	85,35	83,09	42,65	44,15
11	63,70	62,44	24,42	25,99
12	28,04	26,88	8,24	8,72
13	6,06	5,97	1,61	1,68
14	0,76	0,74	0,20	0,22
15	0,05	0,05	0,02	0,02
16	0,00	0,00	0,00	0,00

Annexe 4
Profondeur généalogique moyenne (PGM) et écart-type dans les généalogies des cas et des témoins

A-CAS

Généalogie	PGM	Écart-type
64	11,78	1,17
42	11,46	1,09
63	11,43	1,42
30	11,41	1,29
58	11,35	1,13
52	11,31	1,01
15	11,30	1,69
46	11,25	1,10
40	11,19	1,27
24	11,17	1,24
31	11,13	1,62
55	11,10	1,29
49	11,09	1,24
5	11,07	1,42
2	11,06	1,12
9	11,04	1,26
50	11,03	1,28
17	11,01	0,98
56	11,00	1,25
11	10,91	1,14
12	10,88	1,53
32	10,88	0,92
33	10,87	1,09
61	10,87	1,32
13	10,86	1,79
25	10,86	1,79
44	10,83	1,02
37	10,82	1,09
7	10,81	1,32
48	10,81	1,85
62	10,80	1,1

B-TÉMOINS

Généalogie	PGM	Écart-type
6	11,69	1,30
9	11,47	1,18
1	11,40	1,31
21	11,40	1,15
56	11,28	1,40
41	11,21	1,11
20	11,12	0,98
51	11,12	1,35
13	11,10	1,39
36	11,09	1,82
58	11,08	1,18
8	11,05	0,99
27	11,05	1,17
39	11,01	2,08
59	11,01	0,98
18	10,96	1,45
40	10,86	1,48
53	10,86	1,19
64	10,86	1,79
42	10,82	1,85
29	10,81	1.24
46	10,81	1,42
55	10,81	1,06
49	10,80	1,34
11	10,79	1,48
43	10,79	1,12
22	10,77	1,17
38	10,77	0,99
47	10,75	1,24
23	10,71	1,76
34	10,70	0,96

Annexe 4 (suite)

A-CAS | | | B-TÉMOINS | | |

Généalogie	PGM	Écart-type	Généalogie	PGM	Écart-type
23	10,75	1,01	26	10,69	1,15
21	10,73	1,87	60	10,65	1,05
41	10,72	1,25	3	10,64	1,42
51	10,72	1,16	14	10,62	1,34
59	10,71	1,13	17	10,62	2,73
60	10,70	1,11	4	10,59	1,15
20	10,62	1,38	10	10,56	1,51
57	10,60	2,33	44	10,54	2,42
54	10,51	1,35	61	10,54	1,83
19	10,48	1,77	63	10,54	1,41
28	10,48	1,61	19	10,45	1,1
10	10,45	1,24	28	10,43	1,53
18	10,42	1,4	31	10,36	1,7
27	10,41	0,99	2	10,28	1,2
39	10,4	1,01	25	10,28	2,26
1	10,3	1,17	30	10,24	0,89
34	10,28	1,98	33	10,24	1,75
35	10,26	1,23	37	10,24	1,68
38	10,25	1,48	5	10,20	1,73
6	10,24	1,9	52	10,20	1,64
45	10,24	1,13	12	10,18	2,56
26	10,21	1,89	7	10,15	1,2
53	10,20	1,67	24	9,98	1,7
29	10,17	3,01	35	9,94	1,78
3	10,14	1,61	62	9,93	1,51
22	10,11	1,14	15	9,76	1,88
47	9,99	1,06	45	9,73	1,5
16	9,85	1,86	32	9,55	1,83
14	9,79	1,37	54	9,54	1,15
4	9,61	1,51	57	9,24	2,97
8	9,55	2,57	16	8,68	3,53
43	9,5	1,36	50	6,58	4,68
36	9,19	3,21	48	5,95	5,02
Moyenne	**10,66**	**1,43**	**Moyenne**	**10,45**	**1,6**

PGM : profondeur généalogique moyenne

Annexe 5
Coefficients moyens d'apparentement intragroupe et intergroupe par génération pour l'ensemble des cas et des témoins

Génération	Cas	Témoins	Intergroupe
1	0,00000	0,00000	0,00006
2	0,00037	0,00000	0,00015
3	0,00057	0,00004	0,00020
4	0,00072	0,00013	0,00033
5	0,00090	0,00025	0,00048
6	0,00123	0,00049	0,00076
7	0,00182	0,00096	0,00128
8	0,00293	0,00188	0,00228
9	0,00505	0,00363	0,00421
10	0,00759	0,00562	0,00646
11	0,00887	0,00664	0,00760
12	0,00910	0,00684	0,00782
13	0,00912	0,00687	0,00784
14	0,00912	0,00687	0,00784
15	0,00912	0,00687	0,00784

Annexe 6
Coefficients moyens de consanguinité (F), nombre (n) et pourcentage des sujets consanguins par génération pour l'ensemble des cas et des témoins

Génération	Cas		Témoins	
	F	n(%)	F	n(%)
1	0	0(0)	0	0(0)
2	0	0(0)	0	0(0)
3	0,0010	1(1,6)	0,0020	2(3,1)
4	0,0012	2(3,1)	0,0024	4(6,3)
5	0,0015	5(7,8)	0,0025	4(6,3)
6	0,0018	17(26,6)	0,0027	15(21,9)
7	0,0023	44(68,8)	0,0033	43(67,2)
8	0,0034	57(89,1)	0,0044	55(85,9)
9	0,0057	63(98,4)	0,0062	62(96,9)
10	0,0082	64(100)	0,0082	62(96,9)
11	0,0094	64(100)	0,0092	62(96,9)
12	0,0096	64(100)	0,0094	62(96,9)
13	0,0096	64(100)	0,0094	62(96,9)
14	0,0096	64(100)	0,0094	62(96,9)
15	0,0096	64(100)	0,0094	62(96,9)

Annexe 7

Distribution (n), contribution génétique totale (CGT) et contribution génétique moyenne (CGM) de l'ensemble des fondateurs immigrants chez les cas et les témoins, selon leur origine

A-Cas

Origine	N	n(%)	CGT	CGM	CGT(%)
Normandie	369	17,11	9,6932	0,0263	15,15
Île-de-France	282	13,07	5,5104	0,0195	8,61
Poitou	234	10,85	4,9394	0,0211	7,72
Aunis	220	10,20	8,7347	0,0397	13,65
Saintonge	101	4,68	1,5347	0,0152	2,40
Bretagne	91	4,22	1,0226	0,0112	1,60
Perche	84	3,89	11,7464	0,1398	18,36
Maine	47	2,18	3,4977	0,0744	5,47
Angoumois	47	2,18	2,6827	0,0571	4,19
Anjou	34	1,58	0,3259	0,0096	0,51
Champagne	32	1,48	0,2177	0,0068	0,34
Orléanais	31	1,44	1,5183	0,0490	2,37
Picardie	28	1,30	1,3896	0,0496	2,17
Guyenne	26	1,21	0,3788	0,0146	0,59
Saumurois	24	1,11	0,2275	0,0095	0,36
Brie	23	1,07	0,5637	0,0245	0,88
Beauce	21	0,97	0,3591	0,0171	0,56
Touraine	20	0,93	0,1143	0,0057	0,18
Périgord	18	0,83	0,0847	0,0047	0,13
Limousin	15	0,70	0,2629	0,0175	0,41
Languedoc	14	0,65	0,0680	0,0049	0,11
Gascogne	13	0,60	0,0913	0,0070	0,14
Bourgogne	12	0,56	0,0891	0,0074	0,14
Lorraine	12	0,56	0,3076	0,0256	0,48
Auvergne	10	0,46	0,0386	0,0039	0,06
Marches	7	0,32	0,0699	0,0100	0,11
Berry	6	0,28	0,0576	0,0096	0,09
Franche-Comté	6	0,28	0,1035	0,0173	0,16
Nivernais	6	0,28	0,0269	0,0045	0,04
Artois	5	0,23	0,0190	0,0038	0,03
Lyonnais	5	0,23	0,2527	0,0505	0,39
Flandre	4	0,19	0,0107	0,0027	0,02
Provence	3	0,14	0,0132	0,0044	0,02

Annexe 7 (suite)

Origine	n	n(%)	CGT	CGM	CGT(%)
Béarn	2	0,09	0,0049	0,0024	0,01
Comtat Venaissin	2	0,09	0,0200	0,0100	0,03
Dauphiné	1	0,05	0,0039	0,0039	0,01
Bourbonnais	1	0,05	0,0010	0,0010	0,00
Alsace	1	0,05	0,0078	0,0078	0,01
Roussillon	1	0,05	0,0010	0,0010	0,00
Inconnue France	82	3,80	2,6731	0,0326	4,18
France Total	**1940**	**89,94**	**58,6642**	**0,0302**	**91,70**
Grande-Bretagne	16	0,74	1,3772	0,0861	2,15
Irlande	12	0,56	0,2988	0,0249	0,47
Allemagne	6	0,28	0,2583	0,0431	0,40
Autriche	1	0,05	0,0039	0,0039	0,01
Belgique	3	0,14	0,0569	0,0190	0,09
Italie	1	0,05	0,0068	0,0068	0,01
Pays-Bas	3	0,14	0,0205	0,0068	0,03
Portugal	4	0,19	0,0342	0,0085	0,05
Suisse	2	0,09	0,3665	0,1832	0,57
Acadie	94	4,36	0,9907	0,0105	1,55
Canada & É.U	22	1,02	0,5156	0,0234	0,81
Indéterminée	53	2,46	1,3815	0,0261	2,16
Grand Total	**2157**	**100,00**	**63,9751**	**0,0297**	**100,00**

B-Témoins

Origine	N	n(%)	CGT	CGM	CGT(%)
Normandie	441	16,76	9,5889	0,0217	15,03
Île-de-France	321	12,20	5,6157	0,0175	8,80
Poitou	271	10,30	4,8055	0,0177	7,53
Aunis	250	9,50	8,2111	0,0328	12,87
Saintonge	124	4,71	1,5301	0,0123	2,40
Bretagne	105	3,99	1,1545	0,0110	1,81
Perche	99	3,76	11,0797	0,1119	17,36
Maine	56	2,13	3,1865	0,0569	4,99
Angoumois	56	2,13	2,5055	0,0447	3,93
Anjou	50	1,90	0,4196	0,0084	0,66
Champagne	40	1,52	0,3091	0,0077	0,48
Orléanais	33	1,25	1,3115	0,0397	2,06
Picardie	35	1,33	1,2144	0,0347	1,90

Annexe 7 (suite)

Origine	N	n(%)	CGT	CGM	CGT(%)
Guyenne	39	1,48	0,3595	0,0092	0,56
Saumurois	29	1,10	0,2029	0,0070	0,32
Brie	23	0,87	0,5569	0,0242	0,87
Beauce	24	0,91	0,3496	0,0146	0,55
Touraine	29	1,10	0,1681	0,0058	0,26
Périgord	22	0,84	0,1157	0,0053	0,18
Limousin	22	0,84	0,2706	0,0123	0,42
Languedoc	12	0,46	0,0392	0,0033	0,06
Gascogne	20	0,76	0,1445	0,0072	0,23
Bourgogne	20	0,76	0,1406	0,0070	0,22
Lorraine	12	0,46	0,3015	0,0251	0,47
Auvergne	13	0,49	0,0403	0,0031	0,06
Marches	10	0,38	0,1024	0,0102	0,16
Berry	10	0,38	0,0719	0,0072	0,11
Franche-Comté	5	0,19	0,0801	0,0160	0,13
Nivernais	9	0,34	0,0477	0,0053	0,07
Artois	5	0,19	0,0168	0,0034	0,03
Lyonnais	8	0,30	0,2561	0,0320	0,40
Flandre	7	0,27	0,0166	0,0024	0,03
Provence	5	0,19	0,0229	0,0046	0,04
Béarn	8	0,30	0,0317	0,0040	0,05
Comtat Venaissin	2	0,08	0,0017	0,0009	0,00
Dauphiné	2	0,08	0,0049	0,0024	0,01
Bourbonnais	5	0,19	0,0095	0,0019	0,01
Alsace	3	0,11	0,0234	0,0078	0,04
Inconnue France	121	4,60	2,6122	0,0216	4,09
France Total	**2346**	**89,17**	**56,9197**	**0,0243**	**89,20**
Grande-Bretagne	31	1,18	1,9332	0,0624	3,03
Irlande	7	0,27	0,1567	0,0224	0,25
Allemagne	7	0,27	0,2356	0,0337	0,37
Autriche	1	0,04	0,0024	0,0024	0,00
Belgique	4	0,15	0,0713	0,0178	0,11
Espagne	1	0,04	0,0015	0,0015	0,00
Italie	1	0,04	0,0078	0,0078	0,01
Pays-Bas	1	0,04	0,0039	0,0039	0,01
Portugal	3	0,11	0,0393	0,0131	0,06
Suisse	5	0,19	0,3178	0,0636	0,50

Annexe 7 (suite)

Origine	N	n(%)	CGT	CGM	CGT(%)
Acadie	125	4,75	1,1968	0,0096	1,88
Canada & É.U	42	1,60	1,1741	0,0279	1,84
Indéterminée	57	2,17	1,7515	0,0307	2,74
Grand Total	**2631**	**100,00**	**63,8115**	**0,0243**	**100,00**

Annexe 8
Distribution (n), contribution génétique totale (CGT) et contribution génétique moyenne (CGM) de l'ensemble des fondateurs immigrants de sexe masculin selon leur origine

	Cas				Témoins			
Origine	n	CGT	CGM	CGT(%)	n	CGT	CGM	CGT(%)
Normandie	257	7,3085	0,0284	17,34	315	7,1704	0,0228	17,33
Île-de-France	97	2,4872	0,0256	5,90	106	2,4995	0,0236	6,04
Poitou	193	3,6270	0,0188	8,60	219	3,4406	0,0157	8,31
Aunis	119	3,2519	0,0273	7,71	135	3,1937	0,0237	7,72
Saintonge	80	1,1918	0,0149	2,83	98	1,1661	0,0119	2,82
Bretagne	80	0,9427	0,0118	2,24	91	1,0475	0,0115	2,53
Perche	54	8,4545	0,1566	20,06	63	7,9378	0,1260	19,18
Maine	36	3,2390	0,0900	7,68	42	2,9456	0,0701	7,12
Angoumois	38	2,5640	0,0675	6,08	46	2,3424	0,0509	5,66
Anjou	26	0,2439	0,0094	0,58	39	0,3234	0,0083	0,78
Champagne	12	0,0793	0,0066	0,19	13	0,1057	0,0081	0,26
Orléanais	16	0,2576	0,0161	0,61	16	0,2662	0,0166	0,64
Picardie	16	1,1079	0,0692	2,63	22	0,9611	0,0437	2,32
Guyenne	24	0,3669	0,0153	0,87	37	0,3457	0,0093	0,84
Saumurois	21	0,1909	0,0091	0,45	25	0,1714	0,0069	0,41
Brie	11	0,1494	0,0136	0,35	12	0,1396	0,0116	0,34
Beauce	8	0,1854	0,0232	0,44	11	0,1823	0,0166	0,44
Touraine	17	0,0916	0,0054	0,22	27	0,1481	0,0055	0,36
Périgord	18	0,0847	0,0047	0,20	22	0,1157	0,0053	0,28
Languedoc	14	0,0680	0,0049	0,16	12	0,0392	0,0033	0,09
Limousin	14	0,2506	0,0179	0,59	21	0,2581	0,0123	0,62
Gascogne	12	0,0894	0,0074	0,21	18	0,1367	0,0076	0,33
Auvergne	10	0,0386	0,0039	0,09	12	0,0396	0,0033	0,10

Annexe 8 (suite)

Origine	Cas				Témoins			
	n	CGT	CGM	CGT(%)	N	CGT	CGM	CGT(%)
Bourgogne	6	0,0510	0,0085	0,12	13	0,1013	0,0078	0,24
Lorraine	7	0,1714	0,0245	0,41	8	0,1503	0,0188	0,36
Marches	6	0,0697	0,0116	0,17	9	0,1012	0,0112	0,24
Lyonnais	5	0,2527	0,0505	0,60	8	0,2561	0,0320	0,62
Berry	5	0,0552	0,0110	0,13	8	0,0713	0,0089	0,17
Artois	4	0,0171	0,0043	0,04	4	0,0166	0,0042	0,04
Franche-Comté	4	0,0957	0,0239	0,23	3	0,0762	0,0254	0,18
Nivernais	4	0,0190	0,0048	0,05	6	0,0350	0,0058	0,08
Provence	3	0,0132	0,0044	0,03	5	0,0229	0,0046	0,06
Flandre	3	0,0088	0,0029	0,02	6	0,0122	0,0020	0,03
Comtat Venaissin	2	0,0200	0,0100	0,05	2	0,0017	0,0009	0,00
Alsace	1	0,0078	0,0078	0,02	3	0,0234	0,0078	0,06
Béarn	1	0,0039	0,0039	0,01	7	0,0298	0,0043	0,07
Bourbonnais	1	0,0010	0,0010	0,00	5	0,0095	0,0019	0,02
Dauphiné	1	0,0039	0,0039	0,01	2	0,0049	0,0024	0,01
Roussillon	1	0,0010	0,0010	0,00	0	0,0000	0,0000	0,00
Inconnue	54	1,6442	0,0304	3,90	74	1,5867	0,0214	3,83
France Total	**1281**	**38,7063**	**0,0302**	**91,82**	**1565**	**37,4753**	**0,0239**	**90,56**
GB & Irlande	19	1,3347	0,0702	3,17	27	1,6866	0,0625	4,08
Autres Europe	17	0,6316	0,0372	1,50	20	0,6157	0,0308	1,49
Acadie	48	0,5493	0,0114	1,30	60	0,6372	0,0106	1,54
Canada & É.U	10	0,3257	0,0326	0,77	21	0,3794	0,0181	0,92
Indéterminée	24	0,6084	0,0253	1,44	25	0,5854	0,0234	1,41
Total	**1399**	**42,1560**	**0,0301**	**100,00**	**1718**	**41,3796**	**0,0241**	**100,00**

Annexe 9

Distribution (n), contribution génétique totale (CGT) et contribution génétique moyenne (CGM) de l'ensemble des fondateurs immigrants de sexe féminin selon leur origine

Origine	Cas				Témoins			
	n	CGT	CGM	CGT(%)	n	CGT	CGM	CGT(%)
Normandie	112	2,3846	0,0213	10,93	126	2,4185	0,0192	10,78
Île-de-France	185	3,0232	0,0163	13,86	215	3,1162	0,0145	13,89
Poitou	41	1,3124	0,0320	6,02	52	1,3649	0,0262	6,08
Aunis	101	5,4828	0,0543	25,13	115	5,0174	0,0436	22,37
Saintonge	21	0,3429	0,0163	1,57	26	0,3640	0,0140	1,62
Bretagne	11	0,0798	0,0073	0,37	14	0,1071	0,0076	0,48
Perche	30	3,2919	0,1097	15,09	36	3,1419	0,0873	14,01
Maine	11	0,2587	0,0235	1,19	14	0,2409	0,0172	1,07
Angoumois	9	0,1187	0,0132	0,54	10	0,1631	0,0163	0,73
Anjou	8	0,0820	0,0103	0,38	11	0,0962	0,0087	0,43
Champagne	20	0,1383	0,0069	0,63	27	0,2034	0,0075	0,91
Orléanais	15	1,2607	0,0840	5,78	17	1,0453	0,0615	4,66
Picardie	12	0,2817	0,0235	1,29	13	0,2533	0,0195	1,13
Guyenne	2	0,0118	0,0059	0,05	2	0,0138	0,0069	0,06
Saumurois	3	0,0366	0,0122	0,17	4	0,0315	0,0079	0,14
Brie	12	0,4143	0,0345	1,90	11	0,4173	0,0379	1,86
Beauce	13	0,1737	0,0134	0,80	13	0,1674	0,0129	0,75
Touraine	3	0,0227	0,0076	0,10	2	0,0200	0,0100	0,09
Bourgogne	6	0,0381	0,0063	0,17	7	0,0393	0,0056	0,18
Lorraine	5	0,1362	0,0272	0,62	4	0,1512	0,0378	0,67
Franche-Comté	2	0,0078	0,0039	0,04	2	0,0039	0,0020	0,02
Nivernais	2	0,0078	0,0039	0,04	3	0,0127	0,0042	0,06
Artois	1	0,0020	0,0020	0,01	1	0,0002	0,0002	0,00
Béarn	1	0,0010	0,0010	0,00	1	0,0020	0,0020	0,01
Berry	1	0,0024	0,0024	0,01	2	0,0006	0,0003	0,00
Flandre	1	0,0020	0,0020	0,01	1	0,0044	0,0044	0,02
Gascogne	1	0,0020	0,0020	0,01	2	0,0078	0,0039	0,03
Limousin	1	0,0123	0,0123	0,06	1	0,0126	0,0126	0,06
Marches	1	0,0002	0,0002	0,00	1	0,0012	0,0012	0,01
Auvergne	0	0,0000	0,0000	0,00	1	0,0007	0,0007	0,00
Inconnue	28	1,0290	0,0367	4,72	47	1,0256	0,0218	4,57
France Total	**659**	**19,9579**	**0,0303**	**91,47**	**781**	**19,4444**	**0,0249**	**86,68**

Annexe 9 (suite)

	Cas				Témoins			
Origine	n	CGT	CGM	CGT(%)	n	CGT	CGM	CGT(%)
GB & Irlande	9	0,3413	0,0379	1,56	11	0,4033	0,0367	1,80
Autres Europe	3	0,1155	0,0385	0,53	3	0,0640	0,0213	0,29
Acadie	46	0,4414	0,0096	2,02	65	0,5596	0,0086	2,49
Canada & É.U	12	0,1899	0,0158	0,87	21	0,7947	0,0378	3,54
Indéterminée	29	0,7731	0,0267	3,54	32	1,1660	0,0364	5,20
Total	758	21,8191	0,0288	100,00	913	22,4319	0,0246	100,00

Annexe 10
Distribution (n), contribution génétique totale (CGT) et contribution génétique moyenne (CGM) des fondateurs immigrants communs aux généalogies des cas et des témoins, selon leur origine

			Cas			Témoins		
Origine	N	n(%)	CGT	CGM	CGT(%)	CGT	CGM	CGT(%)
Normandie	325	18,03	9,5176	0,0293	15,46	9,2109	0,0283	15,68
Île-de-France	241	13,37	5,4232	0,0225	8,81	5,4534	0,0226	9,28
Poitou	202	11,20	4,8696	0,0241	7,91	4,6553	0,0230	7,92
Aunis	200	11,09	8,6998	0,0435	14,13	8,1304	0,0407	13,84
Saintonge	89	4,94	1,5083	0,0169	2,45	1,4553	0,0164	2,48
Perche	83	4,60	11,7444	0,1415	19,07	11,0612	0,1333	18,83
Bretagne	74	4,10	0,9342	0,0126	1,52	1,0410	0,0141	1,77
Maine	41	2,27	3,4802	0,0849	5,65	3,1407	0,0766	5,35
Angoumois	43	2,38	2,6702	0,0621	4,34	2,4688	0,0574	4,20
Anjou	27	1,50	0,3015	0,0112	0,49	0,3527	0,0131	0,60
Champagne	28	1,55	0,2059	0,0074	0,33	0,2864	0,0102	0,49
Orléanais	22	1,22	1,4871	0,0676	2,42	1,2855	0,0584	2,19
Picardie	26	1,44	1,3853	0,0533	2,25	1,1917	0,0458	2,03
Guyenne	23	1,28	0,3602	0,0157	0,59	0,2462	0,0107	0,42
Saumurois	22	1,22	0,2246	0,0102	0,36	0,1924	0,0087	0,33
Brie	20	1,11	0,5579	0,0279	0,91	0,5486	0,0274	0,93
Beauce	18	1,00	0,3533	0,0196	0,57	0,3296	0,0183	0,56
Touraine	17	0,94	0,1035	0,0061	0,17	0,1316	0,0077	0,22
Périgord	13	0,72	0,0769	0,0059	0,12	0,0947	0,0073	0,16
Limousin	9	0,50	0,2463	0,0274	0,40	0,2184	0,0243	0,37

Annexe 10 (suite)

Origine	n	n(%)	Cas			Témoins		
			CGT	CGM	CGT(%)	CGT	CGM	CGT(%)
Languedoc	8	0,44	0,0367	0,0046	0,06	0,0319	0,0040	0,05
Gascogne	11	0,61	0,0698	0,0063	0,11	0,1157	0,0105	0,20
Bourgogne	11	0,61	0,0886	0,0081	0,14	0,0940	0,0085	0,16
Lorraine	10	0,55	0,2988	0,0299	0,49	0,2927	0,0293	0,50
Auvergne	4	0,22	0,0127	0,0032	0,02	0,0259	0,0065	0,04
Marches	6	0,33	0,0680	0,0113	0,11	0,0865	0,0144	0,15
Berry	5	0,28	0,0571	0,0114	0,09	0,0557	0,0111	0,09
Franche-Comté	2	0,11	0,0859	0,0430	0,14	0,0684	0,0342	0,12
Nivernais	5	0,28	0,0259	0,0052	0,04	0,0303	0,0061	0,05
Artois	4	0,22	0,0161	0,0040	0,03	0,0127	0,0032	0,02
Lyonnais	4	0,22	0,2429	0,0607	0,39	0,2415	0,0604	0,41
Flandre	3	0,17	0,0088	0,0029	0,01	0,0083	0,0028	0,01
Provence	3	0,17	0,0132	0,0044	0,02	0,0093	0,0031	0,02
Béarn	1	0,06	0,0010	0,0010	0,00	0,0020	0,0020	0,00
Comtat Venaissin	1	0,06	0,0005	0,0005	0,00	0,0007	0,0007	0,00
Bourbonnais	1	0,06	0,0010	0,0010	0,00	0,0005	0,0005	0,00
Inconnue France	69	3,83	2,6199	0,0380	4,26	2,4670	0,0358	4,20
France Total	**1671**	**92,68**	**57,7970**	**0,0346**	**93,87**	**55,0375**	**0,0329**	**93,68**
Grande-Bretagne	10	0,55	1,2741	0,1274	2,07	1,3033	0,1303	2,22
Irlande	3	0,17	0,0781	0,0260	0,13	0,0742	0,0247	0,13
Allemagne	3	0,17	0,1724	0,0575	0,28	0,1418	0,0473	0,24
Belgique	2	0,11	0,0559	0,0280	0,09	0,0684	0,0342	0,12
Italie	1	0,06	0,0068	0,0068	0,01	0,0078	0,0078	0,01
Pays-Bas	1	0,06	0,0039	0,0039	0,01	0,0039	0,0039	0,01
Portugal	3	0,17	0,0332	0,0111	0,05	0,0393	0,0131	0,07
Suisse	2	0,11	0,3665	0,1832	0,60	0,3129	0,1565	0,53
Acadie	66	3,66	0,8530	0,0129	1,39	0,9058	0,0137	1,54
Canada & É.U	16	0,89	0,4863	0,0303	0,79	0,2713	0,0170	0,46
Indéterminée	25	1,39	0,4449	0,0178	0,72	0,5825	0,0233	0,99
Grand Total	**1803**	**100,00**	**61,5723**	**0,0341**	**100,00**	**58,7487**	**0,0326**	**100,00**

Annexe 11
Distribution (n), contribution génétique totale (CGT) et contribution génétique moyenne (CGM) des fondateurs immigrants spécifiques aux généalogies des cas et des témoins, selon leur origine

A-Cas

Origine	n	n(%)	CGT	CGM	CGT(%)
Normandie	44	12,43	0,1755	0,0040	7,31
Île-de-France	41	11,58	0,0872	0,0021	3,63
Poitou	32	9,04	0,0698	0,0022	2,91
Aunis	20	5,65	0,0349	0,0017	1,45
Saintonge	12	3,39	0,0264	0,0022	1,10
Perche	1	0,28	0,0020	0,0020	0,08
Bretagne	17	4,80	0,0884	0,0052	3,68
Maine	6	1,69	0,0176	0,0029	0,73
Angoumois	4	1,13	0,0125	0,0031	0,52
Anjou	7	1,98	0,0244	0,0035	1,02
Champagne	4	1,13	0,0117	0,0029	0,49
Orléanais	9	2,54	0,0313	0,0035	1,30
Picardie	2	0,56	0,0044	0,0022	0,18
Guyenne	3	0,85	0,0186	0,0062	0,77
Saumurois	2	0,56	0,0029	0,0015	0,12
Brie	3	0,85	0,0059	0,0020	0,24
Beauce	3	0,85	0,0059	0,0020	0,24
Touraine	3	0,85	0,0107	0,0036	0,45
Périgord	5	1,41	0,0078	0,0016	0,33
Limousin	6	1,69	0,0166	0,0028	0,69
Languedoc	6	1,69	0,0313	0,0052	1,30
Gascogne	2	0,56	0,0215	0,0107	0,89
Bourgogne	1	0,28	0,0005	0,0005	0,02
Lorraine	2	0,56	0,0088	0,0044	0,37
Auvergne	6	1,69	0,0259	0,0043	1,08
Marches	1	0,28	0,0020	0,0020	0,08
Berry	1	0,28	0,0005	0,0005	0,02
Franche-Comté	4	1,13	0,0176	0,0044	0,73
Nivernais	1	0,28	0,0010	0,0010	0,04
Artois	1	0,28	0,0029	0,0029	0,12
Lyonnais	1	0,28	0,0098	0,0098	0,41
Flandre	1	0,28	0,0020	0,0020	0,08

Annexe 11 (suite)
A-Cas

Origine	N	n(%)	CGT	CGM	CGT(%)
Béarn	1	0,28	0,0039	0,0039	0,16
Comtat Venaissin	1	0,28	0,0195	0,0195	0,81
Dauphiné	1	0,28	0,0039	0,0039	0,16
Alsace	1	0,28	0,0078	0,0078	0,33
Roussillon	1	0,28	0,0010	0,0010	0,04
Inconnue France	13	3,67	0,0532	0,0041	2,21
France Total	**269**	**75,99**	**0,8672**	**0,0032**	**36,09**
Grande-Bretagne	6	1,69	0,1030	0,0172	4,29
Irlande	9	2,54	0,2207	0,0245	9,19
Allemagne	3	0,85	0,0859	0,0286	3,58
Autriche	1	0,28	0,0039	0,0039	0,16
Belgique	1	0,28	0,0010	0,0010	0,04
Pays-Bas	2	0,56	0,0166	0,0083	0,69
Portugal	1	0,28	0,0010	0,0010	0,04
Acadie	28	7,91	0,1377	0,0049	5,73
Canada & É.U	6	1,69	0,0293	0,0049	1,22
Indéterminée	28	7,91	0,9365	0,0335	38,98
Grand Total	**354**	**100,00**	**2,4028**	**0,0068**	**100,00**

B-Témoins

Origine	n	n(%)	CGT	CGM	CGT(%)
Normandie	116	14,01	0,3781	0,0033	7,47
Île-de-France	80	9,66	0,1622	0,0020	3,20
Poitou	69	8,33	0,1503	0,0022	2,97
Aunis	50	6,04	0,0807	0,0016	1,59
Saintonge	35	4,23	0,0748	0,0021	1,48
Bretagne	31	3,74	0,1135	0,0037	2,24
Perche	16	1,93	0,0186	0,0012	0,37
Maine	15	1,81	0,0458	0,0031	0,90
Angoumois	13	1,57	0,0367	0,0028	0,73
Anjou	23	2,78	0,0669	0,0029	1,32
Champagne	12	1,45	0,0227	0,0019	0,45
Orléanais	11	1,33	0,0260	0,0024	0,51
Guyenne	16	1,93	0,1133	0,0071	2,24
Limousin	13	1,57	0,0522	0,0040	1,03
Touraine	12	1,45	0,0365	0,0030	0,72
Picardie	9	1,09	0,0227	0,0025	0,45

Annexe 11 (suite)

B-Témoins

Origine	n	n(%)	CGT	CGM	CGT(%)
Saumurois	7	0,85	0,0105	0,0015	0,21
Périgord	9	1,09	0,0210	0,0023	0,41
Gascogne	9	1,09	0,0288	0,0032	0,57
Bourgogne	9	1,09	0,0466	0,0052	0,92
Auvergne	9	1,09	0,0144	0,0016	0,28
Béarn	7	0,85	0,0298	0,0043	0,59
Beauce	6	0,72	0,0200	0,0033	0,40
Berry	5	0,60	0,0162	0,0032	0,32
Languedoc	4	0,48	0,0073	0,0018	0,14
Marches	4	0,48	0,0159	0,0040	0,31
Nivernais	4	0,48	0,0175	0,0044	0,34
Lyonnais	4	0,48	0,0146	0,0037	0,29
Flandre	4	0,48	0,0083	0,0021	0,16
Bourbonnais	4	0,48	0,0090	0,0023	0,18
Franche-Comté	3	0,36	0,0117	0,0039	0,23
Alsace	3	0,36	0,0234	0,0078	0,46
Brie	3	0,36	0,0083	0,0028	0,16
Lorraine	2	0,24	0,0088	0,0044	0,17
Provence	2	0,24	0,0137	0,0068	0,27
Dauphiné	2	0,24	0,0049	0,0024	0,10
Artois	1	0,12	0,0042	0,0042	0,08
Comtat Venaissin	1	0,12	0,0010	0,0010	0,02
Inconnue France	52	6,28	0,1453	0,0028	2,87
France Total	**675**	**81,52**	**1,8822**	**0,0028**	**37,18**
Grande-Bretagne	21	2,54	0,6299	0,0300	12,44
Irlande	4	0,48	0,0825	0,0206	1,63
Allemagne	4	0,48	0,0938	0,0234	1,85
Autriche	1	0,12	0,0024	0,0024	0,05
Belgique	2	0,24	0,0029	0,0015	0,06
Espagne	1	0,12	0,0015	0,0015	0,03
Suisse	3	0,36	0,0049	0,0016	0,10
Acadie	60	7,25	0,3359	0,0056	6,64
Canada & É.U	25	3,02	0,8579	0,0343	16,95
Indéterminée	32	3,86	1,1689	0,0365	23,09
Grand Total	**828**	**100,00**	**5,0629**	**0,0061**	**100.00**

Annexe 12
Distribution (n), contribution génétique totale (CGT) et contribution génétique moyenne (CGM) des fondateurs immigrants mariés avant 1660 parmi les généalogies des cas et des témoins, selon leur origine

A-Cas

Origine	n	n(%)	CGT	CGM	CGT(%)
Normandie	116	20,57	5,2636	0,0454	**15,61**
Aunis	85	15,07	4,5797	0,0539	**13,58**
Île-de-France	74	13,12	2,2040	0,0298	6,53
Perche	73	12,94	11,1755	0,1531	33,13
Poitou	35	6,21	1,1338	0,0324	3,36
Saintonge	29	5,14	0,6470	0,0223	1,92
Maine	26	4,61	2,4992	0,0961	7,41
Angoumois	14	2,48	1,0825	0,0773	3,21
Anjou	8	1,42	0,1309	0,0164	0,39
Bretagne	8	1,42	0,2428	0,0303	0,72
Beauce	8	1,42	0,3149	0,0394	0,93
Orléanais	8	1,42	0,8070	**0,1009**	2,39
Brie	7	1,24	0,4719	0,0674	1,40
Champagne	7	1,24	0,0514	0,0073	0,15
Lorraine	6	1,06	0,2339	0,0390	0,69
Nivernais	4	0,71	0,0151	0,0038	0,04
Picardie	3	0,53	0,0498	0,0166	0,15
Guyenne	3	0,53	0,0594	0,0198	0,18
Saumurois	3	0,53	0,0112	0,0037	0,03
Artois	2	0,35	0,0039	0,0020	0,01
Lyonnais	2	0,35	0,2385	**0,1193**	0,71
Berry	2	0,35	0,0410	0,0205	0,12
Touraine	1	0,18	0,0020	0,0020	0,01
Béarn	1	0,18	0,0010	0,0010	0,00
Bourgogne	1	0,18	0,0029	0,0029	0,01
Limousin	1	0,18	0,0123	0,0123	0,04
Marches	1	0,18	0,0516	0,0516	0,15
Comtat Venaissin	1	0,18	0,0005	0,0005	0,00
Flandre	1	0,18	0,0010	0,0010	0,00
Gascogne	1	0,18	0,0088	0,0088	0,03
Languedoc	1	0,18	0,0021	0,0021	0,01
Auvergne	0	0,00	0,0000	0,0000	0,00
Inconnue	26	4,61	1,6282	0,0626	4,83
Sous-total France	**558**	**98,94**	**32,9675**	**0,0591**	**97,74**
Grande-Bretagne	2	0,35	0,5686	0,2843	1,69
Autres Europe	2	0,35	0,1802	0,0901	0,53
Indéterminée	2	0,35	0,0128	0,0064	0,04
Total	**564**	**100,00**	**33,7291**	**0,0598**	**100,00**

Annexe 12 (Suite)
B-Témoins

Origine	n	n(%)	CGT	CGM	CGT(%)
Normandie	122	19,93	5,1683	0,0424	16,02
Aunis	88	14,38	4,2610	0,0484	13,21
Île-de-France	79	12,91	2,1613	0,0274	6,70
Perche	**84**	**13,73**	**10,5313**	**0,1254**	**32,65**
Poitou	36	5,88	1,1752	0,0326	3,64
Saintonge	32	5,23	0,6859	0,0214	2,13
Maine	31	5,07	2,2512	0,0726	6,98
Angoumois	14	2,29	0,9950	0,0711	3,08
Anjou	13	2,12	0,1664	0,0128	0,52
Bretagne	9	1,47	0,2672	0,0297	0,83
Beauce	8	1,31	0,2815	0,0352	0,87
Orléanais	8	1,31	0,7162	**0,0895**	2,22
Brie	7	1,14	0,4698	0,0671	1,46
Champagne	6	0,98	0,0439	0,0073	0,14
Lorraine	5	0,82	0,2590	0,0518	0,80
Nivernais	4	0,65	0,0139	0,0035	0,04
Picardie	4	0,65	0,0671	0,0168	0,21
Guyenne	3	0,49	0,0571	0,0190	0,18
Saumurois	3	0,49	0,0103	0,0034	0,03
Artois	2	0,33	0,0005	0,0002	0,00
Lyonnais	2	0,33	0,2385	**0,1193**	0,74
Berry	2	0,33	0,0452	0,0226	0,14
Touraine	3	0,49	0,0043	0,0014	0,01
Béarn	1	0,16	0,0020	0,0020	0,01
Bourgogne	2	0,33	0,0056	0,0028	0,02
Limousin	2	0,33	0,0135	0,0068	0,04
Marches	2	0,33	0,0607	0,0303	0,19
Comtat Venaissin	1	0,16	0,0007	0,0007	0,00
Flandre	1	0,16	0,0020	0,0020	0,01
Gascogne	1	0,16	0,0181	0,0181	0,06
Languedoc	1	0,16	0,0050	0,0050	0,02
Auvergne	1	0,16	0,0007	0,0007	0,00
Inconnue	28	4,58	1,5390	0,0550	4,77
Sous-total France	**605**	**98,86**	**31,5173**	**0,0521**	**97,71**
Grande-Bretagne	1	0,16	0,5220	0,5220	1,62
Autres Europe	2	0,33	0,2045	0,1023	0,63
Indéterminée	4	0,65	0,0117	0,0029	0,04
Total	**612**	**100,00**	**32,2556**	**0,0527**	**100,00**

Annexe 13

Distribution (n), contribution génétique totale (CGT) et contribution génétique moyenne (CGM) des fondateurs immigrants mariés avant 1660 parmi les généalogies des cas et des témoins, selon le sexe et l'origine

A-Cas

		Hommes				Femmes			
Origine	N	n (%)	CGT	CGM	CGT (%)	n	n (%)	CGT	CGM	CGT (%)
Normandie	79	**25,00**	3,7680	0,0477	**18,44**	37	14,92	1,4956	0,0404	11,24
Aunis	35	**11,08**	0,8486	0,0242	4,15	50	**20,16**	3,7311	0,0746	**28,05**
Île-de-France	33	**10,44**	1,0568	0,0320	5,17	41	**16,53**	1,1472	0,0280	8,63
Perche	45	**14,24**	7,8882	**0,1753**	**38,61**	28	**11,29**	3,2873	**0,1174**	**24,72**
Poitou	18	**5,70**	0,6133	0,0341	3,00	17	**6,85**	0,5205	0,0306	3,91
Saintonge	17	5,38	0,4194	0,0247	2,05	12	4,84	0,2277	0,0190	1,71
Maine	16	**5,06**	2,2988	**0,1437**	**11,25**	10	4,03	0,2004	0,0200	1,51
Angoumois	7	2,22	0,9990	**0,1427**	4,89	7	2,82	0,0836	0,0119	0,63
Anjou	5	1,58	0,0649	0,0130	0,32	3	1,21	0,0659	0,0220	0,50
Bretagne	6	1,90	0,2350	0,0392	1,15	2	0,81	0,0078	0,0039	0,06
Beauce	6	1,90	0,1796	0,0299	0,88	2	0,81	0,1354	0,0677	1,02
Orléanais	4	1,27	0,0637	0,0159	0,31	4	1,61	0,7433	**0,1858**	5,59
Brie	3	0,95	0,0830	0,0277	0,41	4	1,61	0,3889	**0,0972**	2,92
Champagne	3	0,95	0,0073	0,0024	0,04	4	1,61	0,0441	0,0110	0,33
Lorraine	3	0,95	0,1074	0,0358	0,53	3	1,21	0,1265	0,0422	0,95
Lyonnais	2	0,63	0,2385	**0,1193**	1,17	0	0,00	0,0000	0,0000	0,00
Nivernais	3	0,95	0,0093	0,0031	0,05	1	0,40	0,0059	0,0059	0,04
Picardie	1	0,32	0,0010	0,0010	0,00	2	0,81	0,0488	0,0244	0,37
Saumurois	3	0,95	0,0112	0,0037	0,05					
Guyenne	2	0,63	0,0496	0,0248	0,24	1	0,40	0,0099	0,0099	0,07
Artois	1	0,32	0,0020	0,0020	0,01	1	0,40	0,0020	0,0020	0,01
Berry	1	0,32	0,0386	0,0386	0,19	1	0,40	0,0024	0,0024	0,02
Touraine	1	0,32	0,0020	0,0020	0,01					
Béarn						1	0,40	0,0010	0,0010	0,01
Bourgogne	1	0,32	0,0029	0,0029	0,01					
Limousin						1	0,40	0,0123	0,0123	0,09
Marches	1	0,32	0,0516	0,0516	0,25					
Comtat Venaissin	1	0,32	0,0005	0,0005	0,00					
Flandre	1	0,32	0,0010	0,0010	0,00					
Gascogne	1	0,32	0,0088	0,0088	0,04					
Languedoc	1	0,32	0,0021	0,0021	0,01					
Inconnue France	14	4,43	0,6813	0,0487	3,33	12	4,84	0,9469	0,0789	7,12
Sous-total France	**314**	**99,37**	**19,7332**	**0,0628**	**96,60**	**244**	**98,39**	**13,2343**	**0,0542**	**99,50**
Grande-Bretagne	1	0,32	0,5671	0,5671	2,78	1	0,40	0,0015	0,0015	0,01
Autres Europe	1	0,32	0,1282	0,1282	0,63	1	0,40	0,0520	0,0520	0,39
Indéterminée	0	0,00	0,0000	0,0000	0,00	2	0,81	0,0128	0,0064	0,10
Total	**316**	**100,00**	**20,4285**	**0,0646**	**100,00**	**248**	**100,00**	**13,3006**	**0,0536**	**100,00**

Annexe 13 (suite)
B-Témoins

Origine	Hommes					Femmes				
	n	n(%)	CGT	CGM	CGT (%)	n	n(%)	CGT	CGM	CGT (%)
Normandie	85	**24,78**	3,7040	0,0436	**19,03**	37	**13,75**	1,4643	0,0396	**11,45**
Aunis	34	**9,91**	0,8489	0,0250	4,36	54	**20,07**	3,4120	0,0632	**26,68**
Île-de-France	33	**9,62**	1,0218	0,0310	5,25	46	**17,10**	1,1395	0,0248	8,91
Perche	52	**15,16**	7,4050	**0,1424**	38,04	32	**11,90**	3,1263	**0,0977**	**24,45**
Poitou	18	5,25	0,6080	0,0338	3,12	18	6,69	0,5673	0,0315	4,44
Saintonge	17	4,96	0,4272	0,0251	2,19	15	5,58	0,2587	0,0172	2,02
Maine	19	5,54	2,0759	**0,1093**	10,66	12	**4,46**	0,1752	0,0146	1,37
Angoumois	7	2,04	0,8560	**0,1223**	4,40	7	2,60	0,1390	0,0199	1,09
Anjou	8	2,33	0,0822	0,0103	0,42	5	1,86	0,0842	0,0168	0,66
Bretagne	6	1,75	0,2573	0,0429	1,32	3	1,12	0,0099	0,0033	0,08
Beauce	6	1,75	0,1642	0,0274	0,84	2	0,74	0,1173	0,0587	0,92
Orléanais	4	1,17	0,0811	0,0203	0,42	4	1,49	0,6351	**0,1588**	4,97
Brie	3	0,87	0,0681	0,0227	0,35	4	1,49	0,4017	**0,1004**	3,14
Champagne	3	0,87	0,0042	0,0014	0,02	3	1,12	0,0398	0,0133	0,31
Lorraine	3	0,87	0,1146	0,0382	0,59	2	0,74	0,1444	0,0722	1,13
Lyonnais	2	0,58	0,2385	**0,1193**	1,23	0	0,00	0	0	0,00
Picardie	2	0,58	0,0044	0,0022	0,02	2	0,74	0,0627	0,0314	0,49
Nivernais	3	0,87	0,0090	0,0030	0,05	1	0,37	0,0049	0,0049	0,04
Guyenne	2	0,58	0,0463	0,0231	0,24	1	0,37	0,0109	0,0109	0,08
Saumurois	3	0,87	0,0103	0,0034	0,05					
Artois	1	0,29	0,0002	0,0002	0,00	1	0,37	0,0002	0,0002	0,00
Berry	1	0,29	0,0447	0,0447	0,23	1	0,37	0,0005	0,0005	0,00
Touraine	3	0,87	0,0043	0,0014	0,02					
Béarn						1	0,37	0,0020	0,0020	0,02
Bourgogne	2	0,58	0,0056	0,0028	0,03					
Limousin	1	0,29	0,0010	0,0010	0,01	1	0,37	0,0126	0,0126	0,10
Marches	2	0,58	0,0607	0,0303	0,31					
Comtat Venaissin	1	0,29	0,0007	0,0007	0,00					
Flandre	1	0,29	0,0020	0,0020	0,01					
Gascogne	1	0,29	0,0181	0,0181	0,09					
Languedoc	1	0,29	0,0050	0,0050	0,03					
Auvergne	1	0,29	0,0007	0,0007	0,00					
Inconnu	15	4,37	0,6340	0,0423	3,26	13	4,83	0,9050	0,0696	7,08
Sous-Total France	**340**	**99,13**	**18,8039**	**0,0553**	**96,59**	**265**	**98,51**	**12,7135**	**0,0480**	**99,42**
Grande-Bretagne	1	0,29	0,522	0,522	2,68					
Autres Europe	1	0,29	0,1421	0,1421	0,73	1	0,37	0,0625	0,0625	0,49
Inconnue	1	0,29	0,0005	0,0005	0,00	3	1,12	0,0112	0,0037	0,09
Total	**343**	**100,00**	**19,4684**	**0,0568**	**100**	**269**	**100,00**	**12,7872**	**0,0475**	**100**

Annexe 14

Distribution (n), contribution génétique totale (CGT) et contribution génétique moyenne (CGM) des fondateurs immigrants mariés de 1660 à 1699 parmi les généalogies des cas et des témoins, selon le sexe et l'origine

A-Cas

Origine	HOMMES					FEMMES				
	n	n(%)	CGT	CGM	CGT(%)	n	n(%)	CGT	CGM	CGT(%)
Normandie	146	17,91	2,9360	0,0201	18,52	74	17,70	0,8832	0,0119	12,88
Île-de-France	55	6,75	1,2908	0,0235	8,14	144	34,45	1,8760	0,0130	27,35
Poitou	159	19,51	2,6348	0,0166	16,62	24	5,74	0,7919	0,0330	11,55
Aunis	77	9,45	2,0337	0,0264	12,83	50	11,96	1,7400	0,0348	25,37
Saintonge	57	6,99	0,7568	0,0133	4,77	8	1,91	0,1133	0,0142	1,65
Bretagne	51	6,26	0,4290	0,0084	2,71	9	2,15	0,0720	0,0080	1,05
Angoumois	26	3,19	1,3023	0,0501	8,21	1	0,24	0,0049	0,0049	0,07
Champagne	8	0,98	0,0681	0,0085	0,43	16	3,83	0,0942	0,0059	1,37
Anjou	19	2,33	0,1711	0,0090	1,08	4	0,96	0,0083	0,0021	0,12
Picardie	13	1,60	1,0991	0,0845	6,93	10	2,39	0,2329	0,0233	3,40
Saumurois	18	2,21	0,1797	0,0100	1,13	3	0,72	0,0366	0,0122	0,53
Maine	19	2,33	0,9363	0,0493	5,91	1	0,24	0,0583	0,0583	0,85
Orléanais	7	0,86	0,1733	0,0248	1,09	11	2,63	0,5175	0,0470	7,54
Périgord	18	2,21	0,0847	0,0047	0,53					
Touraine	15	1,84	0,0876	0,0058	0,55	3	0,72	0,0227	0,0076	0,33
Guyenne	14	1,72	0,1201	0,0086	0,76	1	0,24	0,0020	0,0020	0,03
Brie	7	0,86	0,0625	0,0089	0,39	8	1,91	0,0254	0,0032	0,37
Beauce	1	0,12	0,0020	0,0020	0,01	11	2,63	0,0383	0,0035	0,56
Bourgogne	5	0,61	0,0481	0,0096	0,30	6	1,44	0,0381	0,0063	0,56
Limousin	11	1,35	0,2399	0,0218	1,51					
Perche	8	0,98	0,5507	0,0688	3,47	2	0,48	0,0046	0,0023	0,07
Languedoc	10	1,23	0,0308	0,0031	0,19					
Auvergne	7	0,86	0,0132	0,0019	0,08					
Gascogne	6	0,74	0,0454	0,0076	0,29					
Lorraine	1	0,12	0,0015	0,0015	0,01	2	0,48	0,0098	0,0049	0,14
Flandre	1	0,12	0,0059	0,0059	0,04	1	0,24	0,0020	0,0020	0,03
Marches	4	0,49	0,0161	0,0040	0,10	1	0,24	0,0002	0,0002	0,00
Lyonnais	2	0,25	0,0044	0,0022	0,03					
Nivernais	1	0,12	0,0098	0,0098	0,06	1	0,24	0,0020	0,0020	0,03
Artois	3	0,37	0,0151	0,0050	0,10					
Provence	3	0,37	0,0132	0,0044	0,08					
Berry	2	0,25	0,0010	0,0005	0,01					
Bourbonnais	1	0,12	0,0010	0,0010	0,01					
Béarn	1	0,12	0,0039	0,0039	0,02					
Roussillon	1	0,12	0,0010	0,0010	0,01					
Franche-Comté	1	0,12	0,0020	0,0020	0,01					
Inconnue France	27	3,31	0,4365	0,0162	2,75	15	3,59	0,0781	0,0052	1,14
France Total	805	98,77	15,8071	0,0196	99,70	406	97,13	6,6523	0,0164	97,00
Pays-Bas						1	0,24	0,0010	0,0010	0,01
Allemagne	1	0,12	0,0005	0,0005	0,00					
Belgique	2	0,25	0,0049	0,0024	0,03					
Italie	1	0,12	0,0068	0,0068	0,04					

Annexe 14 (suite)

A-Cas

Origine	HOMMES					FEMMES				
	n	n(%)	CGT	CGM	CGT(%)	n	n(%)	CGT	CGM	CGT(%)
Portugal	4	0,49	0,0342	0,0085	0,22					
Acadie	1	0,12	0,0010	0,0010	0,01	5	1,20	0,0273	0,0055	0,40
Canada & É-U	1	0,12	0,0005	0,0005	0,00	4	0,96	0,1548	0,0387	2,26
Indéterminée						2	0,48	0,0229	0,0115	0,33
Total	815	100,00	15,8550	0,0195	100,00	418	100,00	6,8583	0,0164	100,00

B-Témoins

Origine	HOMMES					FEMMES				
	n	n(%)	CGT	CGM	CGT(%)	n	n(%)	CGT	CGM	CGT(%)
Normandie	190	18,85	2,8639	0,0151	**18,59**	86	16,60	0,9396	0,0109	13,83
Île-de-France	64	6,35	1,3585	0,0212	8,82	**168**	32,43	1,9689	0,0117	**28,99**
Poitou	**184**	18,25	2,4518	0,0133	15,92	34	6,56	0,7977	**0,0235**	11,74
Aunis	93	9,23	1,9883	**0,0214**	12,91	60	11,58	1,5858	**0,0264**	23,35
Saintonge	67	6,65	0,6730	0,0100	4,37	10	1,93	0,1014	0,0101	1,49
Bretagne	57	5,65	0,4640	0,0081	3,01	10	1,93	0,0815	0,0082	1,20
Angoumois	30	2,98	1,1324	**0,0377**	7,35	2	0,39	0,0011	0,0005	0,02
Champagne	8	0,79	0,0898	0,0112	0,58	24	4,63	0,1636	0,0068	2,41
Anjou	24	2,38	0,1943	0,0081	1,26	6	1,16	0,0120	0,0020	0,18
Picardie	18	1,79	0,9469	**0,0526**	6,15	10	1,93	0,1886	0,0189	2,78
Saumurois	21	2,08	0,1592	0,0076	1,03	4	0,77	0,0315	0,0079	0,46
Maine	18	1,79	0,8423	**0,0468**	5,47	2	0,39	0,0657	**0,0328**	0,97
Orléanais	8	0,79	0,1754	**0,0219**	1,14	13	2,51	0,4102	**0,0316**	6,04
Périgord	20	1,98	0,1138	0,0057	0,74					
Touraine	22	2,18	0,1340	0,0061	0,87	2	0,39	0,0200	0,0100	0,29
Guyenne	22	2,18	0,1119	0,0051	0,73	1	0,19	0,0029	0,0029	0,04
Brie	8	0,79	0,0676	0,0085	0,44	7	1,35	0,0156	0,0022	0,23
Beauce	4	0,40	0,0171	0,0043	0,11	11	2,12	0,0500	0,0045	0,74
Bourgogne	8	0,79	0,0645	0,0081	0,42	7	1,35	0,0393	0,0056	0,58
Limousin	13	1,29	0,2278	0,0175	1,48					
Perche	10	0,99	0,5211	**0,0521**	3,38	4	0,77	0,0156	0,0039	0,23
Languedoc	10	0,99	0,0303	0,0030	0,20					
Auvergne	9	0,89	0,0154	0,0017	0,10	1	0,19	0,0007	0,0007	0,01
Gascogne	12	1,19	0,0845	0,0070	0,55					
Lorraine	1	0,10	0,0073	0,0073	0,05	2	0,39	0,0068	0,0034	0,10
Flandre	4	0,40	0,0093	0,0023	0,06	1	0,19	0,0044	0,0044	0,06
Marches	5	0,50	0,0278	0,0056	0,18	1	0,19	0,0012	0,0012	0,02
Lyonnais	4	0,40	0,0078	0,0020	0,05					
Nivernais	3	0,30	0,0260	0,0087	0,17	2	0,39	0,0078	0,0039	0,12
Artois	3	0,30	0,0164	0,0055	0,11					
Provence	3	0,30	0,0093	0,0031	0,06					
Berry	4	0,40	0,0110	0,0027	0,07	1	0,19	0,0001	0,0001	0,00
Bourbonnais	5	0,50	0,0095	0,0019	0,06					
Béarn	2	0,20	0,0044	0,0022	0,03					
Comtat Venaissin	1	0,10	0,0010	0,0010	0,01					
Dauphiné	1	0,10	0,0010	0,0010	0,01					

Annexe 14 (suite)

B- Témoins

Origine	HOMMES					FEMMES				
	n	n(%)	CGT	CGM	CGT(%)	N	n(%)	CGT	CGM	CGT(%)
Inconnue	38	3,77	0,4727	0,0124	3,07	31	5,98	0,1011	0,0033	1,49
France Total	**994**	**98,61**	**15,3311**	**0,0154**	**99,53**	**500**	**96,53**	**6,6132**	**0,0132**	**97,36**
Allemagne	1	0,10	0,0012	0,0012	0,01					
Autriche	1	0,10	0,0024	0,0024	0,02					
Belgique	2	0,20	0,0078	0,0039	0,05	1	0,19	0,0010	0,0010	0,01
Espagne	1	0,10	0,0015	0,0015	0,01					
Grande-Bretagne						2	0,39	0,0029	0,0015	0,04
Irlande	1	0,10	0,0005	0,0005	0,00					
Italie	1	0,10	0,0078	0,0078	0,05					
Portugal	3	0,30	0,0393	0,0131	0,26					
Suisse	1	0,10	0,0005	0,0005	0,00	1	0,19	0,0005	0,0005	0,01
Acadie	1	0,10	0,0044	0,0044	0,03	7	1,35	0,0381	0,0054	0,56
Canada & É-U	1	0,10	0,0029	0,0029	0,02	5	0,97	0,1111	0,0222	**1,64**
NA Total	1	0,10	0,0039	0,0039	0,03	2	0,39	0,0259	0,0129	0,38
Grand Total	**1008**	**100,00**	**15,4034**	**0,0153**	**100,00**	**518**	**100,00**	**6,7927**	**0,0131**	**100,00**

Annexe 15
Distribution (n), contribution génétique totale (CGT) et contribution génétique moyenne (CGM) des fondateurs immigrants mariés de 1700 à 1765 parmi les généalogies des cas et des témoins, selon le sexe et l'origine

A-Cas

Origine	Hommes					Femmes				
	n	n(%)	CGT	CGM	CGT (%)	n	n(%)	CGT	CGM	CGT (%)
Normandie	29	13,43	0,5732	0,0198	13,48	1	1,61	0,0059	0,0059	1,11
Bretagne	22	10,19	0,2710	0,0123	6,37					
Poitou	16	7,41	0,3789	0,0237	8,91					
Île-de-France	9	4,17	0,1396	0,0155	3,28					
Aunis	7	3,24	0,3696	0,0528	8,69	1	1,61	0,0117	0,0117	2,22
Guyenne	7	3,24	0,1816	0,0259	4,27					
Saintonge	6	2,78	0,0156	0,0026	0,37	1	1,61	0,0020	0,0020	0,37
Angoumois	5	2,31	0,2627	0,0525	6,18	1	1,61	0,0303	0,0303	5,74
Gascogne	4	1,85	0,0273	0,0068	0,64	1	1,61	0,0020	0,0020	0,37
Orléanais	5	2,31	0,0205	0,0041	0,48					
Franche-Comté	3	1,39	0,0938	0,0313	2,21	2	3,23	0,0078	0,0039	1,48
Lorraine	3	1,39	0,0625	0,0208	1,47					
Anjou	2	0,93	0,0078	0,0039	0,18	1	1,61	0,0078	0,0078	1,48
Languedoc	3	1,39	0,0352	0,0117	0,83					
Auvergne	3	1,39	0,0254	0,0085	0,60					
Limousin	3	1,39	0,0107	0,0036	0,25					
Perche	1	0,46	0,0156	0,0156	0,37					
Comtat Venaissin	1	0,46	0,0195	0,0195	0,46					
Berry	2	0,93	0,0156	0,0078	0,37					
Picardie	2	0,93	0,0078	0,0039	0,18					
Beauce	1	0,46	0,0039	0,0039	0,09					
Brie	1	0,46	0,0039	0,0039	0,09					
Champagne	1	0,46	0,0039	0,0039	0,09					
Dauphiné	1	0,46	0,0039	0,0039	0,09					
Flandre	1	0,46	0,0020	0,0020	0,05					
Lyonnais	1	0,46	0,0098	0,0098	0,23					
Maine	1	0,46	0,0039	0,0039	0,09					
Marches	1	0,46	0,0020	0,0020	0,05					
Touraine	1	0,46	0,0020	0,0020	0,05					
Inconnue	12	5,56	0,4951	0,0413	11,65	1	1,61	0,0039	0,0039	0,74
France Total	154	71,30	3,0645	0,0199	72,08	9	14,52	0,0713	0,0079	13,52
Irlande	1	0,46	0,0020	0,0020	0,05	0	0,00	0,0000	0,0000	0,00
GB										
Autriche	1	0,46	0,0039	0,0039	0,09					
Pays-Bas	1	0,46	0,0039	0,0039	0,09					
Suisse	1	0,46	0,2383	0,2383	5,60					
Acadie	41	18,98	0,4858	0,0118	11,43	40	64,52	0,4063	0,0102	77,04
Canada & ÉU	9	4,17	0,3252	0,0361	7,65	6	9,68	0,0234	0,0039	4,44
Indéterminée	8	3,70	0,1279	0,0160	3,01	7	11,29	0,0264	0,0038	5,00
Total	216	100,00	4,2515	0,0197	100,0	62	100,00	0,5273	0,0085	100,0

Annexe 15 (suite)

B-Témoins

Origine	Hommes					Femmes				
	N	n(%)	CGT	CGM	CGT (%)	n	n(%)	CGT	CGM	CGT (%)
Normandie	39	12,79	0,5947	0,0152	13,66	3	3,37	0,0146	0,0049	1,98
Bretagne	27	8,85	0,3184	0,0118	7,31	1	1,12	0,0156	0,0156	2,11
Poitou	17	5,57	0,3809	0,0224	8,75					
Île-de-France	9	2,95	0,1191	0,0132	2,74	1	1,12	0,0078	0,0078	1,05
Aunis	8	2,62	0,3564	0,0446	8,19	1	1,12	0,0195	0,0195	2,64
Guyenne	13	4,26	0,1875	0,0144	4,31					
Saintonge	14	4,59	0,0659	0,0047	1,51	1	1,12	0,0039	0,0039	0,53
Angoumois	9	2,95	0,3540	0,0393	8,13	1	1,12	0,0229	0,0229	3,10
Gascogne	4	1,31	0,0225	0,0056	0,52	2	2,25	0,0078	0,0039	1,05
Orléanais	4	1,31	0,0098	0,0024	0,22					
Franche-Comté	3	0,98	0,0762	0,0254	1,75	2	2,25	0,0039	0,0020	0,53
Lorraine	4	1,31	0,0283	0,0071	0,65					
Anjou	7	2,30	0,0469	0,0067	1,08					
Languedoc	1	0,33	0,0039	0,0039	0,09					
Auvergne	2	0,66	0,0234	0,0117	0,54					
Limousin	7	2,30	0,0293	0,0042	0,67					
Béarn	5	1,64	0,0254	0,0051	0,58					
Bourgogne	3	0,98	0,0313	0,0104	0,72					
Perche	1	0,33	0,0117	0,0117	0,27					
Berry	3	0,98	0,0156	0,0052	0,36					
Picardie	2	0,66	0,0098	0,0049	0,22	1	1,12	0,0020	0,0020	0,26
Beauce	1	0,33	0,0010	0,0010	0,02					
Brie	1	0,33	0,0039	0,0039	0,09					
Champagne	2	0,66	0,0117	0,0059	0,27					
Dauphiné	1	0,33	0,0039	0,0039	0,09					
Flandre	1	0,33	0,0010	0,0010	0,02					
Lyonnais	1	0,33	0,0020	0,0020	0,04					
Maine	4	1,31	0,0195	0,0049	0,45					
Marches	2	0,66	0,0127	0,0063	0,29					
Touraine	2	0,66	0,0098	0,0049	0,22					
Alsace	2	0,66	0,0156	0,0078	0,36					
Périgord	2	0,66	0,0020	0,0010	0,04					
Provence	2	0,66	0,0137	0,0068	0,31					
Saumurois	1	0,33	0,0020	0,0020	0,04					
Inconnue	20	6,56	0,4644	0,0232	10,67	2	2,25	0,0117	0,0059	1,58
France Total	224	73,44	3,2739	0,0146	75,20	15	16,85	0,1099	0,0073	14,83
Irlande	1	0,33	0,0039	0,0039	0,09					
Grande-Bretagne	5	1,64	0,0254	0,0051	0,58	1	1,12	0,0156	0,0156	2,11
Pays-Bas	1	0,33	0,0039	0,0039	0,09					
Suisse	1	0,33	0,1709	0,1709	3,93					
Acadie	48	15,74	0,5313	0,0111	12,20	56	62,92	0,4980	0,0089	67,24
Canada & É-U	16	5,25	0,2085	0,0130	4,79	9	10,11	0,0469	0,0052	6,33
Indéterminée	9	2,95	0,1357	0,0151	3,12	8	8,99	0,0703	0,0088	9,49
Total	305	100,00	4,3535	0,0143	100,00	89	100,00	0,7407	0,0083	100,00

Annexe 16
Distribution, contribution génétique totale et contribution génétique moyenne des fondateurs immigrants mariés après 1765 parmi les généalogies des cas et des témoins, selon le sexe et l'origine

A-cas

	HOMMES					FEMMES				
Origine	n	n (%)	CGT	CGM	CGT (%)	n	n (%)	CGT	CGM	CGT (%)
Alsace	1	1,9	0,01	0,01	0,5					
Bretagne	1	1,9	0,01	0,01	0,5					
Gascogne	1	1,9	0,01	0,01	0,5					
Guyenne	1	1,9	0,02	0,02	1,0					
Normandie	3	5,8	0,03	0,01	1,9					
Inconnue France	1	1,9	0,03	0,03	1,9					
France Total	**8**	**15,4**	**0,10**	**0,01**	**6,3**					
Grande-Bretagne	*11*	*21,1*	*0,61*	*0,06*	*37,6*	*3*	*10,0*	*0,20*	*0,07*	*17,6*
Irlande	*6*	*11,5*	*0,16*	*0,03*	*9,6*	*5*	*16,7*	*0,14*	*0,03*	*12,4*
Allemagne	*4*	*7,7*	*0,20*	*0,05*	*12,1*	*1*	*3,3*	*0,06*	*0,06*	*5,5%*
Pays-Bas	*1*	*1,9*	*0,02*	*0,02*	*1,0*					
Acadie	6	11,5	0,06	0,01	3,9	1	3,3	0,01	0,01	0,7
Canada & ÉU	0	0,0	0,00	0,00	0,0	2	6,7	0,01	0,01	1,0
Indéterminée	*16*	*30,8*	*0,48*	*0,03*	*29,6*	*18*	*60,0*	*0,71*	*0,04*	*62,8*
Total	**52**	**100,0**	**1,62**	**0,03**	**100,0**	**30**	**100,0**	**1,13**	**0,04**	**100,0**

n : nombre de fondateurs; CGT : contribution génétique totale des fondateurs; CGM : contribution génétique moyenne des fondateurs

B-Témoins

	HOMMES					FEMMES				
Origine	n	n (%)	CGT	CGM	CGT (%)	n	n (%)	CGT	CGM	CGT (%)
Alsace	1	1,6	0,01	0,01	0,4					
Bretagne	1	1,6	0,01	0,01	0,4					
Gascogne	1	1,6	0,01	0,01	0,5					
Lyonnais	1	1,6	0,01	0,01	0,4					
Maine	1	1,6	0,01	0,01	0,4					
Normandie	1	1,6	0,01	0,01	0,4					
Inconnue France	1	1,6	0,02	0,02	0,7	1	2,7	0,01	0,01	0,4
France Total	**7**	**11,3**	**0,07**	**0,01**	**3,1**	**1**	**2,7**	**0,01**	**0,01**	**0,4**
Grande-Bretagne	*17*	*27,4*	*1,07*	*0,06*	*49,6*	*5*	*13,5*	*0,30*	*0,06*	*14,1*
Irlande	*2*	*3,2*	*0,07*	*0,03*	*3,1*	*3*	*8,1*	*0,09*	*0,03*	*4,1*
Allemagne	*6*	*9,7*	*0,23*	*0,04*	*10,9*					
Suisse	*1*	*1,6*	*0,00*	*0,00*	*0,2*					
Autres Europe	7	11,3	0,24	0,03	11,1	0	0,0	0,00	0,00	0
Acadie	*11*	*17,7*	*0,10*	*0,01*	*4,7*	*2*	*5,4*	*0,02*	*0,01*	*1,1*
Canada & EU	4	6,5	0,17	0,04	7,8	7	18,9	0,64	0,09	30,2
Indéterminée	*14*	*22,6*	*0,45*	*0,03*	*20,7*	*19*	*51,4*	*1,06*	*0,06*	*50,1*
Total	**62**	**100,0**	**2,15**	**0,04**	**100,0**	**37**	**100,0**	**2,11**	**0,06**	**100,0**

n : nombre de fondateurs; CGT : contribution génétique totale des fondateurs; CGM : contribution génétique moyenne des fondateurs

Annexe 17
Distribution (n), contribution génétique totale (CGT) et contribution génétique moyenne (CGM) des fondateurs immigrants mariés avant 1660, communs aux généalogies des cas et des témoins, selon leur origine

Origine	n	n(%)	Cas			Témoins		
			CGT	CGM	CGT(%)	CGT	CGM	CGT(%)
Normandie	113	20,85	5,2602	0,0466	15,61	5,1509	0,0456	16,02
Aunis	81	14,94	4,5770	0,0565	13,58	4,2504	0,0525	13,22
Île-de-France	68	12,55	2,2010	0,0324	6,53	2,1453	0,0315	6,67
Perche	**73**	**13,47**	**11,1755**	**0,1531**	**33,15**	**10,5213**	**0,1441**	**32,72**
Poitou	35	6,46	1,1338	0,0324	3,36	1,1747	0,0336	3,65
Saintonge	28	5,17	0,6451	0,0230	1,91	0,6786	0,0242	2,11
Maine	26	4,80	2,4992	0,0961	7,41	2,2425	0,0862	6,97
Angoumois	13	2,40	1,0808	0,0831	3,21	0,9940	0,0765	3,09
Anjou	8	1,48	0,1309	0,0164	0,39	0,1625	0,0203	0,51
Bretagne	8	1,48	0,2428	0,0303	0,72	0,2653	0,0332	0,82
Beauce	8	1,48	0,3149	0,0394	0,93	0,2815	0,0352	0,88
Orléanais	8	1,48	0,8070	0,1009	2,39	0,7162	0,0895	2,23
Brie	7	1,29	0,4719	0,0674	1,40	0,4698	0,0671	1,46
Champagne	6	1,11	0,0504	0,0084	0,15	0,0439	0,0073	0,14
Lorraine	5	0,92	0,2329	0,0466	0,69	0,2590	0,0518	0,81
Picardie	3	0,55	0,0498	0,0166	0,15	0,0642	0,0214	0,20
Guyenne	3	0,55	0,0594	0,0198	0,18	0,0571	0,0190	0,18
Lyonnais	2	0,37	0,2385	0,1193	0,71	0,2385	0,1193	0,74
Berry	2	0,37	0,0410	0,0205	0,12	0,0452	0,0226	0,14
Marches	1	0,18	0,0516	0,0516	0,15	0,0585	0,0585	0,18
Nivernais	3	0,55	0,0142	0,0047	0,04	0,0132	0,0044	0,04
Saumurois	2	0,37	0,0103	0,0051	0,03	0,0098	0,0049	0,03
Artois	2	0,37	0,0039	0,0020	0,01	0,0005	0,0002	0,00
Béarn	1	0,18	0,0010	0,0010	0,00	0,0020	0,0020	0,01
Bourgogne	1	0,18	0,0029	0,0029	0,01	0,0049	0,0049	0,02
Limousin	1	0,18	0,0123	0,0123	0,04	0,0126	0,0126	0,04
Comtat Venaissin	1	0,18	0,0005	0,0005	0,00	0,0007	0,0007	0,00
Flandre	1	0,18	0,0010	0,0010	0,00	0,0020	0,0020	0,01
Gascogne	1	0,18	0,0088	0,0088	0,03	0,0181	0,0181	0,06
Languedoc	1	0,18	0,0021	0,0021	0,01	0,0050	0,0050	0,02
Touraine	1	0,18	0,0020	0,0020	0,01	0,0020	0,0020	0,01
Inconnue France	24	4,43	1,6253	0,0677	4,82	1,5307	0,0638	4,76
Sous-total France	**537**	**99,08**	**32,9480**	**0,0614**	**97,75**	**31,4208**	**0,0585**	**97,71**
Grande-Bretagne	1	0,18	0,5671	0,5671	1,68	0,5220	0,5220	1,62
Belgique	1	0,18	0,0520	0,0520	0,15	0,0625	0,0625	0,19
Suisse	1	0,18	0,1282	0,1282	0,38	0,1420	0,1420	0,44
Indéterminée	2	0,37	0,0128	0,0064	0,04	0,0107	0,0054	0,03
Grand Total	**542**	**100,00**	**33,7081**	**0,0622**	**100,00**	**32,1581**	**0,0593**	**100,00**

Annexe 18
Distribution(n), contribution génétique totale (CGT) et contribution génétique moyenne (CGM) des fondateurs immigrants de sexe masculin, mariés avant 1660, communs aux généalogies des cas et des témoins, selon leur origine

Origine	n	n(%)	Cas			Témoins		
			CGT	CGM	CGT(%)	CGT	CGM	CGT(%)
Normandie	77	25,41	3,7656	0,0489	18,45	3,6874	0,0479	18,99
Aunis	32	10,56	0,8464	0,0264	4,15	0,8465	0,0265	4,36
Île-de-France	30	9,90	1,0553	0,0352	5,17	1,0194	0,0340	5,25
Perche	45	14,85	7,8882	0,1753	**38,64**	7,3976	0,1644	38,10
Poitou	18	5,94	0,6133	0,0341	3,00	0,6080	0,0338	3,13
Saintonge	16	5,28	0,4174	0,0261	2,04	0,4246	0,0265	2,19
Maine	16	5,28	2,2988	0,1437	11,26	2,0704	0,1294	10,66
Angoumois	6	1,98	0,9973	0,1662	4,88	0,8550	0,1425	4,40
Anjou	5	1,65	0,0649	0,0130	0,32	0,0813	0,0163	0,42
Bretagne	6	1,98	0,2350	0,0392	1,15	0,2573	0,0429	1,33
Beauce	6	1,98	0,1796	0,0299	0,88	0,1642	0,0274	0,85
Orléanais	4	1,32	0,0637	0,0159	0,31	0,0811	0,0203	0,42
Brie	3	0,99	0,0830	0,0277	0,41	0,0681	0,0227	0,35
Lorraine	3	0,99	0,1074	0,0358	0,53	0,1146	0,0382	0,59
Guyenne	2	0,66	0,0496	0,0248	0,24	0,0463	0,0231	0,24
Lyonnais	2	0,66	0,2385	0,1193	1,17	0,2385	0,1193	1,23
Berry	1	0,33	0,0386	0,0386	0,19	0,0447	0,0447	0,23
Marches	1	0,33	0,0516	0,0516	0,25	0,0585	0,0585	0,30
Champagne	3	0,99	0,0073	0,0024	0,04	0,0042	0,0014	0,02
Nivernais	2	0,66	0,0083	0,0042	0,04	0,0083	0,0042	0,04
Saumurois	2	0,66	0,0103	0,0051	0,05	0,0098	0,0049	0,05
Picardie	1	0,33	0,0010	0,0010	0,00	0,0015	0,0015	0,01
Artois	1	0,33	0,0020	0,0020	0,01	0,0002	0,0002	0,00
Bourgogne	1	0,33	0,0029	0,0029	0,01	0,0049	0,0049	0,03
Comtat Venaissin	1	0,33	0,0005	0,0005	0,00	0,0007	0,0007	0,00
Flandre	1	0,33	0,0010	0,0010	0,00	0,0020	0,0020	0,01
Gascogne	1	0,33	0,0088	0,0088	0,04	0,0181	0,0181	0,09
Languedoc	1	0,33	0,0021	0,0021	0,01	0,0050	0,0050	0,03
Touraine	1	0,33	0,0020	0,0020	0,01	0,0020	0,0020	0,01
Inconnue France	13	4,29	0,6793	0,0523	3,33	0,6299	0,0485	3,24
Sous-total France	301	99,34	19,7195	0,0655	96,59	18,7498	0,0623	96,58
Grande-Bretagne	1	0,33	0,5671	0,5671	2,78	0,5220	0,5220	2,69
Suisse	1	0,33	0,1282	0,1282	0,63	0,1420	0,1420	0,73
Grand Total	303	100,00	20,4148	0,0674	100,00	19,4138	0,0641	100,00

Annexe 19
Distribution (n), contribution génétique totale (CGT) et contribution génétique moyenne (CGM) des fondatrices immigrantes mariées avant 1660, communes aux généalogies des cas et des témoins, selon leur origine

Origine	n	n(%)	Cas CGT	Cas CGM	Cas CGT(%)	Témoins CGT	Témoins CGM	Témoins CGT(%)
Normandie	36	15,06	1,4946	0,0415	11,24	1,4636	0,0407	11,48
Aunis	49	20,50	3,7307	0,0761	**28,06**	3,4039	0,0695	26,71
Île-de-France	38	15,90	1,1457	0,0302	8,62	1,1259	0,0296	8,83
Perche	28	11,72	3,2873	0,1174	**24,73**	3,1237	0,1116	24,51
Poitou	17	7,11	0,5205	0,0306	3,92	0,5668	0,0333	4,45
Saintonge	12	5,02	0,2277	0,0190	1,71	0,2540	0,0212	1,99
Maine France	10	4,18	0,2004	0,0200	1,51	0,1721	0,0172	1,35
Angoumois	7	2,93	0,0836	0,0119	0,63	0,1390	0,0199	1,09
Anjou	3	1,26	0,0659	0,0220	0,50	0,0812	0,0271	0,64
Beauce	2	0,84	0,1354	0,0677	1,02	0,1173	0,0587	0,92
Orléanais	4	1,67	0,7433	0,1858	5,59	0,6351	0,1588	4,98
Brie	4	1,67	0,3889	0,0972	2,93	0,4017	0,1004	3,15
Champagne	3	1,26	0,0431	0,0144	0,32	0,0398	0,0133	0,31
Lorraine	2	0,84	0,1255	0,0627	0,94	0,1444	0,0722	1,13
Picardie	2	0,84	0,0488	0,0244	0,37	0,0627	0,0314	0,49
Bretagne	2	0,84	0,0078	0,0039	0,06	0,0079	0,0040	0,06
Guyenne	1	0,42	0,0099	0,0099	0,07	0,0109	0,0109	0,09
Nivernais	1	0,42	0,0059	0,0059	0,04	0,0049	0,0049	0,04
Artois	1	0,42	0,0020	0,0020	0,01	0,0002	0,0002	0,00
Berry	1	0,42	0,0024	0,0024	0,02	0,0005	0,0005	0,00
Béarn	1	0,42	0,0010	0,0010	0,01	0,0020	0,0020	0,02
Limousin	1	0,42	0,0123	0,0123	0,09	0,0126	0,0126	0,10
Inconnue France	11	4,60	0,9460	0,0860	7,12	0,9008	0,0819	7,07
Sous-total France	**236**	**98,74**	**13,2285**	**0,0561**	**99,51**	**12,6710**	**0,0537**	**99,43**
Belgique	1	0,42	0,0520	0,0520	0,39	0,0625	0,0625	0,49
Indéterminée	2	0,84	0,0128	0,0064	0,10	0,0107	0,0054	0,08
Grand Total	**239**	**100,00**	**13,2933**	**0,0556**	**100,00**	**12,7442**	**0,0533**	**100,00**

Annexe 20

Distribution (n), contribution génétique totale (CGT) et contribution génétique moyenne (CGM) des fondateurs immigrants mariés avant 1660, spécifiques aux généalogies des cas et des témoins, selon le sexe et l'origine

A-Cas

Origine	Hommes				Femmes				Total			
	n	CGT	CGT (%)	CGM	N	CGT	CGT (%)	CGM	n	CGT	CGT (%)	CGM
Normandie	2	0,002	17,9	0,001	1	0,001	13,3	0,001	3	0,003	16,3	0,001
Aunis	3	0,002	16,1	0,001	1	0,000	6,7	0,000	4	0,003	12,8	0,001
Île-de-France	3	0,001	10,7	0,000	3	0,001	20,0	0,000	6	0,003	14,0	0,000
Saintonge	1	0,002	14,3	0,002					1	0,002	9,3	0,002
Angoumois	1	0,002	12,5	0,002					1	0,002	8,1	0,002
Champagne					1	0,001	13,3	0,001	1	0,001	4,7	0,001
Lorraine					1	0,001	13,3	0,001	1	0,001	4,7	0,001
Nivernais	1	0,001	7,1	0,001					1	0,001	4,7	0,001
Saumurois	1	0,001	7,1	0,001					1	0,001	4,7	0,001
Inconnue	1	0,002	14,3	0,002	1	0,001	13,3	0,001	2	0,003	14,0	0,001
Sous-total France	13	0,014	100,0	0,001	8	0,006	80,0	0,001	21	0,020	93,0	0,001
Angleterre					1	0,001	20,0	0,001	1	0,001	7,0	0,001
Grand Total	13	0,014	100,0	0,001	9	0,007	100,0	0,001	22	0,021	100,0	0,001

B-Témoins

Origine	Hommes				Femmes				Total			
	n	CGT	CGM	CGT (%)	n	CGT	CGM	CGT (%)	n	CGT	CGM	CGT (%)
Normandie	8	0,017	0,002	30,4	1	0,001	0,001	1,7	9	0,017	0,002	17,8
Aunis	2	0,002	0,001	4,5	5	0,008	0,002	19,0	7	0,011	0,002	10,9
Île-de-France	3	0,002	0,001	4,5	8	0,014	0,002	31,5	11	0,016	0,001	16,4
Perche	7	0,007	0,001	13,6	4	0,003	0,001	6,0	11	0,010	0,001	10,3
Poitou					1	0,000	0,000	1,1	1	0,000	0,000	0,5
Saintonge	1	0,003	0,003	4,7	3	0,005	0,002	10,8	4	0,007	0,002	7,4
Maine	3	0,005	0,002	10,1	2	0,003	0,002	7,4	5	0,009	0,002	8,9
Angoumois	1	0,001	0,001	1,8					1	0,001	0,001	1,0
Anjou	3	0,001	0,000	1,6	2	0,003	0,002	7,1	5	0,004	0,001	4,0
Bretagne					1	0,002	0,002	4,5	1	0,002	0,002	2,0
Nivernais	1	0,001	0,001	1,3					1	0,001	0,001	0,8
Picardie	1	0,003	0,003	5,4					1	0,003	0,003	3,0
Saumurois	1	0,000	0,000	0,9					1	0,000	0,000	0,5
Bourgogne	1	0,001	0,001	1,3					1	0,001	0,001	0,8
Limousin	1	0,001	0,001	1,8					1	0,001	0,001	1,0

Annexe 20 (suite)
B-Témoins

Origine	Hommes				Femmes				Total			
	n	CGT	CGM	CGT (%)	n	CGT	CGM	CGT (%)	n	CGT	CGM	CGT (%)
Auvergne	1	0,001	0,001	1,3					1	0,001	0,001	0,8
Marches	1	0,002	0,002	4,0					1	0,002	0,002	2,3
Touraine	2	0,002	0,001	4,3					2	0,002	0,001	2,4
Inconnue France	2	0,004	0,002	7,6	2	0,004	0,002	9,7	4	0,008	0,002	8,5
Sous-total France	39	0,054	0,001	99,1	29	0,042	0,001	98,9	68	0,097	0,001	99,0
Indéterminée	1	0,000	0,000	0,9	1	0,000	0,000	1,1	2	0,001	0,000	1,0
Grand Total	40	0,055	0,001	100,0	30	0,043	0,001	100,0	70	0,098	0,001	100,0

Annexe 21
Distribution (n), contribution génétique totale (CGT) et contribution génétique moyenne (CGM) des fondateurs immigrants mariés de 1660 à 1699 parmi les généalogies des cas et des témoins, selon leur origine

A-Cas

Origine	N	n(%)	CGT	CGM	CGT(%)
Normandie	220	17,84	3,8192	0,0174	16,81
Île-de-France	199	16,14	3,1667	0,0159	13,94
Poitou	183	14,84	3,4267	0,0187	15,09
Aunis	127	10,30	3,7737	0,0297	16,61
Saintonge	65	5,27	0,8701	0,0134	3,83
Bretagne	60	4,87	0,5010	0,0083	2,21
Angoumois	27	2,19	1,3072	**0,0484**	5,76
Champagne	24	1,95	0,1624	0,0068	0,71
Anjou	23	1,87	0,1794	0,0078	0,79
Picardie	23	1,87	1,3320	**0,0579**	5,86
Saumurois	21	1,70	0,2163	0,0103	0,95
Maine	20	1,62	0,9946	**0,0497**	4,38
Orléanais	18	1,46	0,6908	**0,0384**	3,04
Périgord	18	1,46	0,0847	0,0047	0,37
Touraine	18	1,46	0,1104	0,0061	0,49
Guyenne	15	1,22	0,1221	0,0081	0,54
Brie	15	1,22	0,0879	0,0059	0,39
Beauce	12	0,97	0,0403	0,0034	0,18
Bourgogne	11	0,89	0,0862	0,0078	0,38
Limousin	11	0,89	0,2399	0,0218	1,06
Perche	10	0,81	0,5553	**0,0555**	2,44
Languedoc	10	0,81	0,0308	0,0031	0,14

Annexe 21 (suite)

A-Cas

Origine	N	n(%)	CGT	CGM	CGT(%)
Auvergne	7	0,57	0,0132	0,0019	0,06
Gascogne	6	0,49	0,0454	0,0076	0,20
Marches	5	0,41	0,0164	0,0033	0,07
Nivernais	2	0,16	0,0117	0,0059	0,05
Lorraine	3	0,24	0,0112	0,0037	0,05
Flandre	2	0,16	0,0078	0,0039	0,03
Lyonnais	2	0,16	0,0044	0,0022	0,02
Artois	3	0,24	0,0151	0,0050	0,07
Provence	3	0,24	0,0132	0,0044	0,06
Berry	2	0,16	0,0010	0,0005	0,00
Bourbonnais	1	0,08	0,0010	0,0010	0,00
Béarn	1	0,08	0,0039	0,0039	0,02
Roussillon	1	0,08	0,0010	0,0010	0,00
Franche-Comté	1	0,08	0,0020	0,0020	0,01
Comtat Venaissin					
Dauphiné					
Inconnue France	42	3,41	0,5146	0,0123	2,27
France Total	**1211**	**98,22**	**22,4594**	**0,0185**	**98,88**
GB & Irlande	0	0,00	0.0000	0	0,00
Allemagne	1	0,08	0,0005	0,0005	0,00
Autriche					
Belgique	2	0,16	0,0049	0,0024	0,02
Espagne					
Italie	1	0,08	0,0068	0,0068	0,03
Pays-Bas	1	0,08	0,0010	0,0010	0,00
Portugal	4	0,32	0,0342	0,0085	0,15
Suisse					
Acadie	6	0,49	0,0283	0,0047	0,12
Canada & É-U	**5**	**0,40**	**0,1553**	**0,0311**	**0,68**
Inconnue	2	0,16	0,0229	0,0115	0,10
Grand Total	**1233**	**100,00**	**22,7133**	**0,0184**	**100,00**

B-Témoins

Origine	N	n(%)	CGT	CGM	CGT(%)
Normandie	**276**	**18,09**	**3,8035**	**0,0138**	**17,14**
Île-de-France	**232**	**15,20**	**3,3274**	**0,0143**	**14,99**
Poitou	**218**	**14,29**	**3,2495**	**0,0149**	**14,64**
Aunis	**153**	**10,03**	**3,5741**	**0,0234**	**16,10**
Saintonge	77	5,05	0,7744	0,0101	3,49
Bretagne	67	4,39	0,5455	0,0081	2,46
Angoumois	**32**	**2,10**	**1,1335**	**0,0354**	**5,11**
Champagne	32	2,10	0,2534	0,0079	1,14
Anjou	30	1,97	0,2063	0,0069	0,93

Annexe 21 (suite)
B-Témoins

Origine	N	n(%)	CGT	CGM	CGT(%)
Picardie	28	1,83	1,1355	**0,0406**	5,12
Saumurois	25	1,64	0,1907	0,0076	0,86
Maine	20	1,31	0,9080	**0,0454**	4,09
Orléanais	21	1,38	0,5856	**0,0279**	2,64
Périgord	20	1,31	0,1138	0,0057	0,51
Touraine	24	1,57	0,1541	0,0064	0,69
Guyenne	23	1,51	0,1149	0,0050	0,52
Brie	15	0,98	0,0833	0,0056	0,38
Beauce	15	0,98	0,0671	0,0045	0,30
Bourgogne	15	0,98	0,1038	0,0069	0,47
Limousin	13	0,85	0,2278	0,0175	1,03
Perche	**14**	**0,92**	**0,5367**	**0,0383**	**2,42**
Languedoc	10	0,66	0,0303	0,0030	0,14
Auvergne	10	0,66	0,0161	0,0016	0,07
Gascogne	12	0,79	0,0845	0,0070	0,38
Marches	6	0,39	0,0291	0,0048	0,13
Nivernais	5	0,33	0,0338	0,0068	0,15
Lorraine	3	0,20	0,0142	0,0047	0,06
Flandre	5	0,33	0,0137	0,0027	0,06
Lyonnais	4	0,26	0,0078	0,0020	0,04
Artois	3	0,20	0,0164	0,0055	0,07
Provence	3	0,20	0,0093	0,0031	0,04
Berry	5	0,33	0,0111	0,0022	0,05
Bourbonnais	5	0,33	0,0095	0,0019	0,04
Béarn	2	0,13	0,0044	0,0022	0,02
Roussillon					
Franche Comté					
Comtat Venaissin	1	0,07	0,0010	0,0010	0,00
Dauphiné	1	0,07	0,0010	0,0010	0,00
Autres France	32	2,10	0,0883	0,0028	0,40
Inconnue	69	4,52	0,5737	0,0083	2,58
France Total	**1494**	**97,90**	**21,9443**	**0,0147**	**98,87**
GB & Irlande	3	0,20	0,0034	0,0011	0,02
Allemagne	1	0,07	0,0012	0,0012	0,01
Autriche	1	0,07	0,0024	0,0024	0,01
Belgique	3	0,20	0,0088	0,0029	0,04
Espagne	1	0,07	0,0015	0,0015	0,01
Italie	1	0,07	0,0078	0,0078	0,04
Pays-Bas	0	0,00	0,0000	0,0000	0,00
Portugal	3	0,20	0,0393	0,0131	0,18
Suisse	2	0,13	0,0010	0,0005	0,00
Acadie	8	0,52	0,0425	0,0053	0,19
Canada & É-U	**6**	**0,40**	**0,1140**	**0,0190**	**0,51**
Inconnue	3	0,20	0,0298	0,0099	0,13
Grand Total	**1526**	**100,00**	**22,1960**	**0,0145**	**100,00**

Annexe 22

Distribution (n), contribution génétique totale (CGT) et contribution génétique moyenne (CGM) des fondateurs immigrants mariés de 1660 à 1699, communs aux généalogies des cas et des témoins, selon leur origine

			Cas			Témoins		
Origine	n	n(%)	CGT	CGM	CGT(%)	CGT	CGM	CGT(%)
Normandie	195	18,50	3,7682	0,0193	16,86	3,6302	0,0186	17,05
Île-de-France	170	16,13	3,1245	0,0184	13,98	3,2144	0,0189	15,10
Poitou	156	14,80	3,3686	0,0216	15,07	3,1329	0,0201	14,71
Aunis	112	10,63	3,7454	**0,0334**	16,76	3,5197	0,0314	16,53
Saintonge	56	5,31	0,8515	0,0152	3,81	0,7483	0,0134	3,51
Bretagne	51	4,84	0,4741	0,0093	2,12	0,5160	0,0101	2,42
Angoumois	25	2,37	1,2984	**0,0519**	5,81	1,1261	0,0450	5,29
Champagne	21	1,99	0,1516	0,0072	0,68	0,2385	0,0114	1,12
Anjou	18	1,71	0,1667	0,0093	0,75	0,1882	0,0105	0,88
Picardie	22	2,09	1,3315	**0,0605**	5,96	1,1216	0,0510	5,27
Saumurois	20	1,90	0,2144	0,0107	0,96	0,1826	0,0091	0,86
Maine	14	1,33	0,9771	**0,0698**	4,37	0,8962	0,0640	4,21
Orléanais	13	1,23	0,6761	**0,0520**	3,02	0,5654	0,0435	2,66
Périgord	13	1,23	0,0769	0,0059	0,34	0,0947	0,0073	0,44
Touraine	15	1,42	0,0996	0,0066	0,45	0,1277	0,0085	0,60
Guyenne	15	1,42	0,1221	0,0081	0,55	0,0973	0,0065	0,46
Brie	12	1,14	0,0820	0,0068	0,37	0,0750	0,0062	0,35
Beauce	10	0,95	0,0383	0,0038	0,17	0,0481	0,0048	0,23
Bourgogne	10	0,95	0,0857	0,0086	0,38	0,0891	0,0089	0,42
Limousin	7	0,66	0,2330	**0,0333**	1,04	0,2039	0,0291	0,96
Perche	9	0,85	0,5533	**0,0615**	2,48	0,5281	0,0587	2,48
Languedoc	6	0,57	0,0249	0,0042	0,11	0,0229	0,0038	0,11
Gascogne	6	0,57	0,0454	0,0076	0,20	0,0684	0,0114	0,32
Auvergne	3	0,28	0,0088	0,0029	0,04	0,0063	0,0021	0,03
Lorraine	3	0,28	0,0112	0,0037	0,05	0,0142	0,0047	0,07
Flandre	2	0,19	0,0078	0,0039	0,03	0,0063	0,0032	0,03
Marches	5	0,47	0,0164	0,0033	0,07	0,0281	0,0056	0,13
Lyonnais	2	0,19	0,0044	0,0022	0,02	0,0029	0,0015	0,01
Nivernais	2	0,19	0,0117	0,0059	0,05	0,0171	0,0085	0,08
Artois	2	0,19	0,0122	0,0061	0,05	0,0122	0,0061	0,06
Provence	3	0,28	0,0132	0,0044	0,06	0,0093	0,0031	0,04
Berry	1	0,09	0,0005	0,0005	0,00	0,0027	0,0027	0,01
Bourbonnais	1	0,09	0,0010	0,0010	0,00	0,0005	0,0005	0,00
Inconnue France	36	3,42	0,5063	0,0141	2,27	0,5295	0,0147	2,49
France Total	1036	98,29	22,1030	0,0213	98,89	21,0645	0,0203	98,93
Allemagne	1	0,09	0,0005	0,0005	0,00	0,0012	0,0012	0,01
Belgique	1	0,09	0,0039	0,0039	0,02	0,0059	0,0059	0,03
Italie	1	0,09	0,0068	0,0068	0,03	0,0078	0,0078	0,04
Portugal	3	0,28	0,0332	0,0111	0,15	0,0393	0,0131	0,18
Acadie	6	0,57	0,0283	0,0047	0,13	0,0396	0,0066	0,19
Canada & ÉU	5	0,47	0,1553	0,0310	0,70	0,1101	0,0220	0,52
Indéterminée	1	0,09	0,0210	0,0210	0,09	0,0239	0,0239	0,11
Grand Total	1054	100,00	22,3520	0,0212	100,00	21,2922	0,0202	100,00

Annexe 23

Distribution (n), contribution génétique totale (CGT) et contribution génétique moyenne (CGM) des fondateurs immigrants, de sexe masculin, mariés de 1660 à 1699, communs aux généalogies des cas et des témoins, selon leur origine

Origine	N	n(%)	Cas			Témoins		
			CGT	CGM	CGT(%)	CGT	CGM	CGT(%)
Normandie	130	19,01	2,9036	0,0223	18,63	2,7390	0,0211	18,58
Île-de-France	45	6,58	1,2771	0,0284	8,20	1,3116	0,0291	8,90
Poitou	132	19,30	2,5767	0,0195	16,54	2,3535	0,0178	15,97
Aunis	67	9,80	2,0161	0,0301	12,94	1,9517	0,0291	13,24
Saintonge	49	7,16	0,7392	0,0151	4,74	0,6508	0,0133	4,41
Bretagne	42	6,14	0,4021	0,0096	2,58	0,4347	0,0103	2,95
Angoumois	24	3,51	1,2935	0,0539	8,30	1,1251	0,0469	7,63
Champagne	7	1,02	0,0642	0,0092	0,41	0,0894	0,0128	0,61
Anjou	15	2,19	0,1604	0,0107	1,03	0,1785	0,0119	1,21
Picardie	13	1,90	1,0991	**0,0845**	7,05	0,9349	**0,0719**	6,34
Saumurois	17	2,49	0,1777	0,0105	1,14	0,1516	0,0089	1,03
Maine	13	1,90	0,9187	**0,0707**	5,90	0,8354	**0,0643**	5,67
Orléanais	4	0,58	0,1606	**0,0402**	1,03	0,1670	**0,0417**	1,13
Périgord	13	1,90	0,0769	0,0059	0,49	0,0947	0,0073	0,64
Touraine	13	1,90	0,0837	0,0064	0,54	0,1077	0,0083	0,73
Guyenne	14	2,05	0,1201	0,0086	0,77	0,0944	0,0067	0,64
Brie	7	1,02	0,0625	0,0089	0,40	0,0623	0,0089	0,42
Beauce	1	0,15	0,0020	0,0020	0,01	0,0078	0,0078	0,05
Bourgogne	4	0,58	0,0476	0,0119	0,31	0,0527	0,0132	0,36
Limousin	7	1,02	0,2330	0,0333	1,50	0,2039	0,0291	1,38
Perche	7	1,02	0,5487	**0,0784**	3,52	0,5142	**0,0735**	3,49
Languedoc	6	0,88	0,0249	0,0042	0,16	0,0229	0,0038	0,16
Gascogne	6	0,88	0,0454	0,0076	0,29	0,0684	0,0114	0,46
Auvergne	3	0,44	0,0088	0,0029	0,06	0,0063	0,0021	0,04
Lorraine	1	0,15	0,0015	0,0015	0,01	0,0073	0,0073	0,05
Flandre	1	0,15	0,0059	0,0059	0,04	0,0020	0,0020	0,01
Marches	4	0,58	0,0161	0,0040	0,10	0,0269	0,0067	0,18
Lyonnais	2	0,29	0,0044	0,0022	0,03	0,0029	0,0015	0,02
Nivernais	1	0,15	0,0098	0,0098	0,06	0,0112	0,0112	0,08
Artois	2	0,29	0,0122	0,0061	0,08	0,0122	0,0061	0,08
Provence	3	0,44	0,0132	0,0044	0,08	0,0093	0,0031	0,06
Berry	1	0,15	0,0005	0,0005	0,00	0,0027	0,0027	0,02
Bourbonnais	1	0,15	0,0010	0,0010	0,01	0,0005	0,0005	0,00
Inconnue France	21	3,07	0,4282	0,0204	2,75	0,4451	0,0212	3,02
France Total	676	98,83	15,5354	0,0230	99,71	14,6785	0,0217	99,58
Allemagne	1	0,15	0,0005	0,0005	0,00	0,0012	0,0012	0,01
Belgique	1	0,15	0,0039	0,0039	0,03	0,0059	0,0059	0,04
Italie	1	0,15	0,0068	0,0068	0,04	0,0078	0,0078	0,05
Portugal	3	0,44	0,0332	0,0111	0,21	0,0393	0,0131	0,27
Acadie	1	0,15	0,0010	0,0010	0,01	0,0044	0,0044	0,03
États-Unis	1	0,15	0,0005	0,0005	0,00	0,0029	0,0029	0,02
Indéterminée								
Grand Total	684	100	15,5813	0,0228	100	14,7401	0,0215	100

Annexe 24
Distribution (n), contribution génétique totale (CGT) et contribution génétique moyenne (CGM) des fondatrices immigrantes mariées de 1660 à 1699, communes aux généalogies des cas et des témoins, selon leur origine

Origine	n	n(%)	Cas			Témoins		
			CGT	CGM	CGT(%)	CGT	CGM	CGT(%)
Normandie	65	17,57	0,8646	0,0133	12,77	0,8912	0,0137	13,60
Île-de-France	125	33,78	1,8474	0,0148	27,29	1,9027	0,0152	29,04
Poitou	24	6,49	0,7919	**0,0330**	11,70	0,7794	**0,0325**	11,89
Aunis	45	12,16	1,7292	**0,0384**	25,54	1,5680	**0,0348**	23,93
Saintonge	7	1,89	0,1123	0,0160	1,66	0,0975	0,0139	1,49
Bretagne	9	2,43	0,0720	0,0080	1,06	0,0813	0,0090	1,24
Champagne	14	3,78	0,0874	0,0062	1,29	0,1492	**0,0107**	2,28
Picardie	9	2,43	0,2324	0,0258	3,43	0,1866	**0,0207**	2,85
Saumurois	3	0,81	0,0366	0,0122	0,54	0,0310	0,0103	0,47
Maine	1	0,27	0,0583	**0,0583**	0,86	0,0608	**0,0608**	0,93
Orléanais	9	2,43	0,5155	**0,0573**	7,61	0,3984	**0,0443**	6,08
Touraine	2	0,54	0,0159	0,0079	0,23	0,0200	0,0100	0,31
Brie	5	1,35	0,0195	0,0039	0,29	0,0127	0,0025	0,19
Beauce	9	2,43	0,0364	0,0040	0,54	0,0403	0,0045	0,61
Bourgogne	6	1,62	0,0381	0,0063	0,56	0,0364	0,0061	0,56
Perche	2	0,54	0,0046	0,0023	0,07	0,0139	0,0070	0,21
Guyenne	1	0,27	0,0020	0,0020	0,03	0,0029	0,0029	0,04
Angoumois	1	0,27	0,0049	0,0049	0,07	0,0010	0,0010	0,01
Anjou	3	0,81	0,0063	0,0021	0,09	0,0098	0,0033	0,15
Lorraine	2	0,54	0,0098	0,0049	0,14	0,0068	0,0034	0,10
Flandre	1	0,27	0,0020	0,0020	0,03	0,0044	0,0044	0,07
Marches	1	0,27	0,0002	0,0002	0,00	0,0012	0,0012	0,02
Nivernais	1	0,27	0,0020	0,0020	0,03	0,0059	0,0059	0,09
Inconnue France	15	4,05	0,0781	0,0052	1,15	0,0845	0,0056	1,29
France Total	360	97,30	6,5676	0,0182	97,00	6,3859	0,0177	97,46
Acadie	5	1,35	0,0273	0,0055	0,40	0,0352	0,0070	0,54
Canada	2	0,54	0,0039	0,0020	0,06	0,0066	0,0033	0,10
États-Unis	2	0,54	0,1509	0,0754	2,23	0,1006	0,0503	1,54
Indéterminée	1	0,27	0,0210	0,0210	0,31	0,0239	0,0239	0,37
Grand Total	370	100,00	6,7707	0,0183	100,0	6,5522	0,0177	100,00

Annexe 25
Distribution (n), contribution génétique totale (CGT) et contribution génétique moyenne (CGM) des fondateurs immigrants mariés de 1660 à 1699, spécifiques aux généalogies des cas et des témoins, selon le sexe et l'origine

A-Cas

Origine	Hommes				Femmes				Total			
	n	CGT	CGT (%)	CGM	N	CGT	CGT (%)	CGM	n	CGT	CGT (%)	CGM
Normandie	16	0,032	11,9	0,002	9	0,019	21,2	0,002	25	0,051	14,1	0,002
Île-de-France	10	0,014	5,0	0,001	19	0,029	32,6	0,002	29	0,042	11,7	0,001
Poitou	27	0,058	21,2	0,002					27	0,058	16,1	0,002
Aunis	10	0,018	6,4	0,002	5	0,011	12,3	0,002	15	0,028	7,8	0,002
Saintonge	8	0,018	6,4	0,002	1	0,001	1,1	0,001	9	0,019	5,1	0,002
Bretagne	9	0,027	9,8	0,003					9	0,027	7,4	0,003
Maine	6	0,018	6,4	0,003					6	0,018	4,9	0,003
Orléanais	3	0,013	4,6	0,004	2	0,002	2,2	0,001	5	0,015	4,1	0,003
Périgord	5	0,008	2,9	0,002					5	0,008	2,2	0,002
Anjou	4	0,011	3,9	0,003	1	0,002	2,2	0,002	5	0,013	3,5	0,003
Limousin	4	0,007	2,5	0,002					4	0,007	1,9	0,002
Languedoc	4	0,006	2,1	0,001					4	0,006	1,6	0,001
Auvergne	4	0,004	1,6	0,001					4	0,004	1,2	0,001
Champagne	1	0,004	1,4	0,004	2	0,007	7,8	0,003	3	0,011	3,0	0,004
Touraine	2	0,004	1,4	0,002	1	0,007	7,8	0,007	3	0,011	3,0	0,004
Brie					3	0,006	6,7	0,002	3	0,006	1,6	0,002
Angoumois	2	0,009	3,2	0,004					2	0,009	2,4	0,004
Beauce					2	0,002	2,2	0,001	2	0,002	0,5	0,001
Béarn	1	0,004	1,4	0,004					1	0,004	1,1	0,004
Artois	1	0,003	1,1	0,003					1	0,003	0,8	0,003
Perche	1	0,002	0,7	0,002					1	0,002	0,5	0,002
Franche-Comté	1	0,002	0,7	0,002					1	0,002	0,5	0,002
Saumurois	1	0,002	0,7	0,002					1	0,002	0,5	0,002
Roussillon	1	0,001	0,4	0,001					1	0,001	0,3	0,001
Berry	1	0,000	0,2	0,000					1	0,000	0,1	0,000
Bourgogne	1	0,000	0,2	0,000					1	0,000	0,1	0,000
Picardie					1	0,000	0,6	0,000	1	0,000	0,1	0,000
Inconnue France	6	0,008	3,0	0,001					6	0,008	2,3	0,001
France total	129	0,272	99,3	0,002	46	0,085	96,7	0,002	175	0,356	98,6	0,002
Belgique	1	0,001	0,4	0,001					1	0,001	0,3	0,001
Pays-Bas					1	0,001	1,1	0,001	1	0,001	0,3	0,001
Portugal	1	0,001	0,4	0,001					1	0,001	0,3	0,001
Indéterminée					1	0,002	2,2	0,002	1	0,002	0,5	0,002
Grand Total	131	0,274	100,0	0,002	48	0,088	100,0	0,002	179	0,361	100,0	0,002

Annexe 25 (suite)
B-Témoins

Origine	Hommes				Femmes				Total			
	n	CGT	CGT (%)	CGM	n	CGT	CGT (%)	CGM	n	CGT	CGT (%)	CGM
Normandie	60	0,125	18,8	0,002	21	0,048	20,1	0,002	81	0,173	19,2	0,002
Île-de-France	19	0,047	7,1	0,002	43	0,066	27,5	0,002	62	0,113	12,5	0,002
Poitou	52	0,098	14,8	0,002	10	0,018	7,6	0,002	62	0,117	12,9	0,002
Aunis	26	0,037	5,5	0,001	15	0,018	7,4	0,001	41	0,054	6,0	0,001
Saintonge	18	0,022	3,3	0,001	3	0,004	1,6	0,001	21	0,026	2,9	0,001
Bretagne	15	0,029	4,4	0,002	1	0,000	0,1	0,000	16	0,030	3,3	0,002
Anjou	9	0,016	2,4	0,002	3	0,002	0,9	0,001	12	0,018	2,0	0,002
Champagne	1	0,000	0,1	0,000	10	0,014	6,0	0,001	11	0,015	1,6	0,001
Touraine	9	0,026	4,0	0,003					9	0,026	2,9	0,003
Orléanais	4	0,008	1,3	0,002	4	0,012	4,9	0,003	8	0,020	2,2	0,003
Guyenne	8	0,018	2,6	0,002					8	0,018	1,9	0,002
Périgord	7	0,019	2,9	0,003					7	0,019	2,1	0,003
Auvergne	6	0,009	1,4	0,002	1	0,001	0,3	0,001	7	0,010	1,1	0,001
Angoumois	6	0,007	1,1	0,001	1	0,000	0,1	0,000	7	0,007	0,8	0,001
Maine	5	0,007	1,0	0,001	1	0,005	2,0	0,005	6	0,012	1,3	0,002
Limousin	6	0,024	3,6	0,004					6	0,024	2,6	0,004
Gascogne	6	0,016	2,4	0,003					6	0,016	1,8	0,003
Picardie	5	0,012	1,8	0,002	1	0,002	0,8	0,002	6	0,014	1,5	0,002
Beauce	3	0,009	1,4	0,003	2	0,010	4,1	0,005	5	0,019	2,1	0,004
Bourgogne	4	0,012	1,8	0,003	1	0,003	1,2	0,003	5	0,015	1,6	0,003
Perche	3	0,007	1,0	0,002	2	0,002	0,7	0,001	5	0,009	0,9	0,002
Saumurois	4	0,008	1,1	0,002	1	0,000	0,2	0,000	5	0,008	0,9	0,002
Languedoc	4	0,007	1,1	0,002					4	0,007	0,8	0,002
Bourbonnais	4	0,009	1,4	0,002					4	0,009	1,0	0,002
Berry	3	0,008	1,3	0,003	1	0,000	0,1	0,000	4	0,008	0,9	0,002
Nivernais	2	0,015	2,2	0,007	1	0,002	0,8	0,002	3	0,017	1,9	0,006
Brie	1	0,005	0,8	0,005	2	0,003	1,2	0,001	3	0,008	0,9	0,003
Flandre	3	0,007	1,1	0,002					3	0,007	0,8	0,002
Lyonnais	2	0,005	0,7	0,002					2	0,005	0,5	0,002
Béarn	2	0,004	0,7	0,002					2	0,004	0,5	0,002
Artois	1	0,004	0,6	0,004					1	0,004	0,5	0,004
Comtat Venaissin	1	0,001	0,1	0,001					1	0,001	0,1	0,001
Dauphiné	1	0,001	0,1	0,001					1	0,001	0,1	0,001
Marches	1	0,001	0,1	0,001					1	0,001	0,1	0,001
Inconnue France	17	0,028	4,2	0,002	16	0,017	6,9	0,001	33	0,044	4,9	0,001
France total	**318**	**0,653**	**98,4**	**0,002**	**140**	**0,227**	**94,5**	**0,002**	**458**	**0,880**	**97,4**	**0,002**
Autriche	1	0,002	0,4	0,002					**1**	**0,002**	**0,3**	**0,002**
Belgique	1	0,002	0,3	0,002	1	0,001	0,4	0,001	**2**	**0,003**	**0,3**	**0,001**
Espagne	1	0,001	0,2	0,001					**1**	**0,001**	**0,2**	**0,001**
Suisse	1	0,000	0,1	0,000	1	0,001	0,2	0,000	**2**	**0,001**	**0,1**	**0,000**
Irlande	1	0,000	0,1	0,000					1	0,000	0,1	0,000

Annexe 25 (suite)
B-Témoins

Origine	Hommes			Femmes				Total			
	n	CGT	CGT (%)	n	CGT	CGT (%)	n	CGT	CGT (%)	n	CGT	CGT (%)
Angleterre					2	0,003	1,2	0,001	2	0,003	0,3	0,001
Acadie					2	0,003	1,2	0,001	2	0,003	0,3	0,001
États-Unis					1	0,004	1,6	0,004	1	0,004	0,4	0,004
Indéterminée	1	0,004	0,6	0,004	1	0,002	0,8	0,002	2	0,006	0,6	0,003
Grand Total	324	0,663	100,0	0,002	148	0,24	100,0	0,002	472	0,904	100,0	0,002

Annexe 26

Distribution (n), contribution génétique totale (CGT) et contribution génétique moyenne (CGM) des fondateurs immigrants mariés de 1700 à 1765 parmi les généalogies des cas et des témoins, selon leur origine

Origine	Cas					Témoins				
	n	N (%)	CGT	CGM	CGT (%)	n	N (%)	CGT	CGM	CGT (%)
Normandie	30	10,79	**0,5791**	0,0193	12,12	42	10,66	**0,6094**	0,0145	11,96
Bretagne	22	7,91	0,271	0,0123	5,67	28	7,11	0,334	0,0119	6,56
Poitou	16	5,76	0,3789	**0,0237**	7,93	17	4,31	0,3809	0,0224	7,48
Île-de-France	9	3,24	0,1396	0,0155	2,92	10	2,54	0,127	0,0127	2,49
Aunis	8	**2,88**	0,3813	**0,0477**	7,98	9	2,28	0,376	**0,0418**	7,38
Guyenne	7	2,52	0,1816	**0,0259**	3,80	13	3,30	0,1875	0,0144	3,68
Saintonge	7	2,52	0,0176	0,0025	0,37	15	3,81	0,0698	0,0047	1,37
Angoumois	6	2,16	0,293	**0,0488**	6,13	10	2,54	0,377	**0,0377**	7,40
Gascogne	5	1,80	0,0293	0,0059	0,61	6	1,52	0,0303	0,005	0,59
Orléanais	5	1,80	0,0205	0,0041	0,43	4	1,02	0,0098	0,0024	0,19
Franche-Comté	5	1,80	0,1016	0,0203	2,13	5	1,27	0,0801	0,016	1,57
Lorraine	3	1,08	0,0625	0,0208	1,31	4	1,02	0,0283	0,0071	0,56
Anjou	3	1,08	0,0156	0,0052	0,33	7	1,78	0,0469	0,0067	0,92
Languedoc	3	1,08	0,0352	0,0117	0,74	1	0,25	0,0039	0,0039	0,08
Auvergne	3	1,08	0,0254	0,0085	0,53	2	0,51	0,0234	0,0117	0,46
Berry	2	0,72	0,0156	0,0078	0,33	3	0,76	0,0156	0,0052	0,31
Perche	1	0,36	0,0156	**0,0156**	0,33	1	0,25	0,0117	**0,0117**	0,23
Comtat Venaissin	1	0,36	0,0195	0,0195	0,41					
Bourgogne						3	0,76	0,0313	0,0104	0,61
Béarn						5	1,27	0,0254	0,0051	0,50
Limousin	3	1,08	0,0107	0,0036	0,22	7	1,78	0,0293	0,0042	0,58
Picardie	2	0,72	0,0078	0,0039	0,16	3	0,76	0,0117	0,0039	0,23
Champagne	1	0,36	0,0039	0,0039	0,08	2	0,51	0,0117	0,0059	0,23
Maine	1	0,36	0,0039	0,0039	0,08	4	1,02	0,0195	0,0049	0,38
Touraine	1	0,36	0,0020	0,0020	0,04	0	0,00	0,0000	0,0000	0,00
Brie	1	0,36	0,0039	0,0039	0,08	1	0,25	0,0039	0,0039	0,08
Flandre	1	0,36	0,0020	0,0020	0,04	1	0,25	0,0010	0,0010	0,02
Marches	1	0,36	0,0020	0,0020	0,04	2	0,51	0,0127	0,0063	0,25
Lyonnais	1	0,36	0,0098	0,0098	0,20	1	0,25	0,0020	0,0020	0,04
Beauce	1	0,36	0,0039	0,0039	0,08	1	0,25	0,0010	0,0010	0,02
Dauphiné	1	0,36	0,0039	0,0039	0,08	1	0,25	0,0039	0,0039	0,08
Saumurois	0	0,00	0,0000	0,0000	0,00	1	0,25	0,0020	0,0020	0,04
Périgord	0	0,00	0,0000	0,0000	0,00	2	0,51	0,0020	0,0010	0,04
Provence	0	0,00	0,0000	0,0000	0,00	2	0,51	0,0137	0,0068	0,27
Alsace	0	0	0	0	0	2	0,51	0,0156	0,0078	0,31
Touraine	0	0	0	0	0	2	0,51	0,0098	0,0049	0,19
Inconnue France	13	4,68	0,4990	0,0384	10,44	22	5,58	0,4761	0,0216	9,35
France Total	163	58,63	3,1357	0,0192	65,62	239	60,66	3,3838	0,0142	66,42
Grande-Bretagne	0	0,00	0,0000	0,0000	0,00	6	1,52	0,0410	0,0068	0,80
Irlande	1	0,36	0,0020	0,0020	0,04	1	0,25	0,0039	0,0039	0,08
GB & Irlande	0	0,00	0,0000	0,0000	0,00	7	1,78	**0,0449**	**0,0064**	**0,88**
Autriche	1	0,36	0,0039	0,0039	0,08	0	0,00	0,0000	0,0000	0,00
Pays-Bas	1	0,36	0,0039	0,0039	0,08	1	0,25	0,0039	0,0039	0,08
Suisse	1	0,36	0,2383	0,2383	4,99	1	0,25	0,1709	0,1709	3,35
Acadie	81	29,14	0,8921	0,011	18,67	104	26.40	1,0293	0,0099	20,21
Canada & ÉU	15	5,40	0,3486	0,0232	7,30	25	6,35	0,2554	0,0102	5,013
Indéterminée	15	5,40	0,1543	0,0103	3,23	17	4,32	0,2061	0,0121	4,05
Total	278	100,00	4,7788	0,0172	100,00	394	100,00	5,0942	0,0129	100,00

Annexe 27
Distribution (n), contribution génétique totale (CGT) et contribution génétique moyenne (CGM) des fondateurs immigrants mariés de 1700 à 1765, communs aux généalogies des cas et des témoins, selon leur origine

Origine	n	n(%)	Cas			Témoins		
			CGT	CGM	CGT(%)	CGT	CGM	CGT(%)
Normandie	17	9,77	0,4893	0,0288	11,62	0,4297	0,0253	11,1
Bretagne	14	8,05	0,2095	0,0150	4,97	0,2520	0,0180	6,53
Poitou	11	6,32	0,3672	0,0334	8,72	0,3477	0,0316	9,01
Île-de-France	3	1,72	0,0977	0,0326	2,32	0,0938	0,0313	2,43
Aunis	7	4,02	0,3774	0,0539	8,96	0,3604	0,0515	9,34
Guyenne	5	2,87	0,1787	0,0357	4,24	0,0918	0,0184	2,38
Saintonge	5	2,87	0,0117	0,0023	0,28	0,0283	0,0057	0,73
Angoumois	5	2,87	0,2910	0,0582	6,91	0,3486	0,0697	9,04
Gascogne	3	1,72	0,0078	0,0026	0,19	0,0176	0,0059	0,46
Franche-Comté	2	1,15	0,0859	0,0430	2,04	0,0684	0,0342	1,77
Lorraine	2	1,15	0,0547	0,0273	1,30	0,0195	0,0098	0,51
Berry	2	1,15	0,0156	0,0078	0,37	0,0078	0,0039	0,20
Perche	1	0,57	0,0156	0,0156	0,37	0,0117	0,0117	0,30
Languedoc	1	0,57	0,0098	0,0098	0,23	0,0039	0,0039	0,10
Auvergne	1	0,57	0,0039	0,0039	0,09	0,0195	0,0195	0,51
Orléanais	1	0,57	0,0039	0,0039	0,09	0,0039	0,0039	0,10
Anjou	1	0,57	0,0039	0,0039	0,09	0,0020	0,0020	0,05
Picardie	1	0,57	0,0039	0,0039	0,09	0,0059	0,0059	0,15
Champagne	1	0,57	0,0039	0,0039	0,09	0,0039	0,0039	0,10
Brie	1	0,57	0,0039	0,0039	0,09	0,0039	0,0039	0,10
Maine	1	0,57	0,0039	0,0039	0,09	0,0020	0,0020	0,05
Touraine	1	0,57	0,0020	0,0020	0,05	0,0020	0,0020	0,05
Limousin	1	0,57	0,0010	0,0010	0,02	0,0020	0,0020	0,05
Inconnue France	9	5,17	0,4883	0,0543	11,59	0,4067	0,0452	10,55
France Total	96	55,17	2,7305	0,0284	64,83	2,5327	0,0264	65,67
Pays-Bas	1	0,57	0,0039	0,0039	0,09	0,0039	0,0039	0,10
Suisse	1	0,57	0,2383	0,2383	5,66	0,1709	0,1709	4,43
Acadie	56	32,18	0,7739	0,0138	18,38	0,8193	0,0146	21,24
Canada & É-U	10	5,75	0,3271	0,0327	7,77	0,1572	0,0157	4,08
Indéterminée	10	5,75	0,1377	0,0138	3,27	0,1729	0,0173	4,48
Grand Total	174	100,00	4,2114	0,0242	100,00	3,8569	0,0222	100,00

Annexe 28

Distribution (n), contribution génétique totale (CGT) et contribution génétique moyenne (CGM) des fondateurs immigrants, de sexe masculin, mariés de 1700 à 1765, communs aux généalogies des cas et des témoins, selon leur origine

Origine	n	n(%)	Cas			Témoins		
			CGT	CGM	CGT(%)	CGT	CGM	CGT(%)
Normandie	16	12,21	0,4834	0,0302	12,84	0,4258	0,0266	12,70
Bretagne	14	10,69	0,2095	0,0150	5,56	0,2520	0,0180	7,51
Poitou	11	8,40	0,3672	0,0334	9,75	0,3477	0,0316	10,37
Île-de-France	3	2,29	0,0977	0,0326	2,59	0,0938	0,0313	2,80
Aunis	6	4,58	0,3657	0,0610	9,71	0,3408	0,0568	10,16
Guyenne	5	3,82	0,1787	0,0357	4,75	0,0918	0,0184	2,74
Angoumois	4	3,05	0,2607	0,0652	6,92	0,3257	0,0814	9,71
Saintonge	4	3,05	0,0098	0,0024	0,26	0,0244	0,0061	0,73
Lorraine	2	1,53	0,0547	0,0273	1,45	0,0195	0,0098	0,58
Franche-Comté	1	0,76	0,0820	0,0820	2,18	0,0664	0,0664	1,98
Perche	1	0,76	0,0156	0,0156	0,41	0,0117	0,0117	0,35
Auvergne	1	0,76	0,0039	0,0039	0,10	0,0195	0,0195	0,58
Berry	2	1,53	0,0156	0,0078	0,41	0,0078	0,0039	0,23
Gascogne	2	1,53	0,0059	0,0029	0,16	0,0137	0,0068	0,41
Languedoc	1	0,76	0,0098	0,0098	0,26	0,0039	0,0039	0,12
Picardie	1	0,76	0,0039	0,0039	0,10	0,0059	0,0059	0,17
Orléanais	1	0,76	0,0039	0,0039	0,10	0,0039	0,0039	0,12
Anjou	1	0,76	0,0039	0,0039	0,10	0,0020	0,0020	0,06
Limousin	1	0,76	0,0010	0,0010	0,03	0,0020	0,0020	0,06
Champagne	1	0,76	0,0039	0,0039	0,10	0,0039	0,0039	0,12
Brie	1	0,76	0,0039	0,0039	0,10	0,0039	0,0039	0,12
Maine	1	0,76	0,0039	0,0039	0,10	0,0020	0,0020	0,06
Touraine	1	0,76	0,0020	0,0020	0,05	0,0020	0,0020	0,06
Inconnue France	9	6,87	0,4883	0,0543	12,97	0,4067	0,0452	12,13
France Total	90	68,70	2,6748	0,0297	71,02	2,4766	0,0275	73,85
Pays-Bas	1	0,76	0,0039	0,0039	0,10	0,0039	0,0039	0,12
Suisse	1	0,76	0,2383	0,2383	6,33	0,1709	0,1709	5,10
Acadie	27	20,61	0,4194	0,0155	11,14	0,4531	0,0168	13,51
Canada & É-U	6	4,58	0,3096	0,0516	8,2	0,1299	0,0216	3,87
Indéterminée	6	4,58	0,1201	0,0200	3,19%	0,1191	0,0199	3,55
Grand Total	131	100,00	3,7661	0,0288	100,00	3,3535	0,0256	100,00

Annexe 29

Distribution (n), contribution génétique totale (CGT) et contribution génétique moyenne (CGM) des fondatrices immigrantes mariées de 1700 à 1765, communes aux généalogies des cas et des témoins, selon leur origine

Origine	N	n(%)	Cas			Témoins		
			CGT	CGM	CGT(%)	CGT	CGM	CGT(%)
Normandie	1	2,3	0,01	0,01	1,3	0,00	0,00	0,8
Angoumois	1	2,3	0,03	0,03	6,8	0,02	0,02	4,6
Aunis	1	2,3	0,01	0,01	2,6	0,02	0,02	3,9
Franche-Comté	1	2,3	0,00	0,00	0,9	0,00	0,00	0,4
Gascogne	1	2,3	0,00	0,00	0,4	0,00	0,00	0,8
Saintonge	1	2,3	0,00	0,00	0,4	0,00	0,00	0,8
France total	**6**	**14,0**	**0,06**	**0,01**	**12,5**	**0,06**	**0,01**	**11,2**
Acadie	29	67,4	0,35	0,01	79,6	0,37	0,01	72,7
Canada	4	9,3	0,02	0,00	4,0	0,03	0,01	5,4
Indéterminée	4	9,3	0,02	0,00	4,0	0,05	0,01	10,7
Grand Total	**43**	**100,0**	**0,45**	**0,01**	**100,0**	**0,50**	**0,01**	**100,0**

Annexe 30
Distribution (n), contribution génétique totale (CGT) et contribution génétique moyenne (CGM) des fondateurs immigrants mariés de 1700 à 1765, spécifiques aux généalogies des cas et des témoins, selon leur origine

A-Cas

Origine	Hommes				Femmes				Total			
	n	CGT	CGT (%)	CGM	n	CGT	CGT (%)	CGM	n	CGT	CGT (%)	CGM
Normandie	13	0,090	18,5	0,007					13	0,090	15,8	0,007
Bretagne	8	0,062	12,7	0,008					8	0,062	10,8	0,008
Île-de-France	6	0,042	8,7	0,007					6	0,042	7,4	0,007
Poitou	5	0,012	2,4	0,002					5	0,012	2,1	0,002
Orléanais	4	0,017	3,4	0,004					4	0,017	2,9	0,004
Franche-Comté	2	0,012	2,4	0,006	1	0,004	4,8	0,004	3	0,016	2,8	0,005
Gascogne	2	0,021	4,4	0,011					2	0,021	3,8	0,011
Languedoc	2	0,025	5,2	0,013					2	0,025	4,5	0,013
Auvergne	2	0,021	4,4	0,011					2	0,021	3,8	0,011
Anjou	1	0,004	0,8	0,004	1	0,008	9,5	0,008	2	0,012	2,1	0,006
Limousin	2	0,010	2,0	0,005					2	0,010	1,7	0,005
Comtat Venaissin	1	0,020	4,0	0,020					1	0,020	3,4	0,020
Saintonge	2	0,006	1,2	0,003					2	0,006	1,0	0,003
Guyenne	2	0,003	0,6	0,001					2	0,003	0,5	0,001
Aunis	1	0,004	0,8	0,004					1	0,004	0,7	0,004
Angoumois	1	0,002	0,4	0,002					1	0,002	0,3	0,002
Lorraine	1	0,008	1,6	0,008					1	0,008	1,4	0,008
Picardie	1	0,004	0,8	0,004					1	0,004	0,7	0,004
Beauce	1	0,004	0,8	0,004					1	0,004	0,7	0,004
Lyonnais	1	0,010	2,0	0,010					1	0,010	1,7	0,010
Marches	1	0,002	0,4	0,002					1	0,002	0,3	0,002
Dauphiné	1	0,004	0,8	0,004					1	0,004	0,7	0,004
Flandre	1	0,002	0,4	0,002					1	0,002	0,3	0,002
Inconnue France	3	0,007	1,4	0,002	1	0,004	4,8	0,004	4	0,011	1,9	0,003
France Total	**64**	**0,390**	**80,3**	**0,006**	**3**	**0,016**	**19,0**	**0,005**	**67**	**0,405**	**71,4**	**0,006**
Irlande	1	0,002	0,4	0,002					1	0,002	0,3	0,002
Autriche	1	0,004	0,8	0,004					1	0,004	0,7	0,004
Acadie	14	0,066	13,7	0,005	11	0,052	63,1	0,005	25	0,118	20,8	0,005
Canada & ÉU	3	0,016	3,2	0,005	2	0,006	7,1	0,003	5	0,021	3,8	0,004
Indéterminée	2	0,008	1,6	0,004	3	0,009	10,7	0,003	5	0,017	2,9	0,003
Grand Total	**85**	**0,485**	**100,0**	**0,006**	**19**	**0,082**	**100,0**	**0,004**	**104**	**0,567**	**100,0**	**0,005**

Annexe 30 (suite)

B-Témoins

Origine	Hommes				Femmes				Total			
	n	CGT	CGT (%)	CGM	n	CGT	CGT (%)	CGM	n	CGT	CGT (%)	CGM
Normandie	23	0,169	16,9	0,007	2	0,011	4,5	0,005	25	0,180	14,5	0,007
Bretagne	13	0,066	6,6	0,005	1	0,016	6,6	0,016	14	0,082	6,6	0,006
Saintonge	10	0,042	4,2	0,004					10	0,042	3,4	0,004
Guyenne	8	0,096	9,6	0,012					8	0,096	7,7	0,012
Île-de-France	6	0,025	2,5	0,004	1	0,008	3,3	0,008	7	0,033	2,7	0,005
Poitou	6	0,033	3,3	0,006					6	0,033	2,7	0,006
Anjou	6	0,045	4,5	0,007					6	0,045	3,6	0,007
Limousin	6	0,027	2,7	0,005					6	0,027	2,2	0,005
Angoumois	5	0,028	2,8	0,006					5	0,028	2,3	0,006
Béarn	5	0,025	2,5	0,005					5	0,025	2,1	0,005
Orléanais	3	0,006	0,6	0,002					3	0,006	0,5	0,002
Franche-Comté	2	0,010	1,0	0,005	1	0,002	0,8	0,002	3	0,012	0,9	0,004
Gascogne	2	0,009	0,9	0,004	1	0,004	1,6	0,004	3	0,013	1,0	0,004
Bourgogne	3	0,031	3,1	0,010					3	0,031	2,5	0,010
Maine	3	0,018	1,8	0,006					3	0,018	1,4	0,006
Aunis	2	0,016	1,6	0,008					2	0,016	1,3	0,008
Provence	2	0,014	1,4	0,007					2	0,014	1,1	0,007
Marches	2	0,013	1,3	0,006					2	0,013	1,0	0,006
Lorraine	2	0,009	0,9	0,004					2	0,009	0,7	0,004
Alsace	2	0,016	1,6	0,008					2	0,016	1,3	0,008
Picardie	1	0,004	0,4	0,004	1	0,002	0,8	0,002	2	0,006	0,5	0,003
Périgord	2	0,002	0,2	0,001					2	0,002	0,2	0,001
Beauce	1	0,001	0,1	0,001					1	0,001	0,1	0,001
Lyonnais	1	0,002	0,2	0,002					1	0,002	0,2	0,002
Dauphiné	1	0,004	0,4	0,004					1	0,004	0,3	0,004
Flandre	1	0,001	0,1	0,001					1	0,001	0,1	0,001
Berry	1	0,008	0,8	0,008					1	0,008	0,6	0,008
Auvergne	1	0,004	0,4	0,004					1	0,004	0,3	0,004
Champagne	1	0,008	0,8	0,008					1	0,008	0,6	0,008
Saumurois	1	0,002	0,2	0,002					1	0,002	0,2	0,002
Touraine	1	0,008	0,8	0,008					1	0,008	0,6	0,008
Inconnue France	11	0,058	5,8	0,005	2	0,012	4,9	0,006	13	0,069	5,6	0,005
France Total	**134**	**0,797**	**79,7**	**0,006**	**9**	**0,054**	**22,6**	**0,006**	**143**	**0,851**	**68,8**	**0,006**
Grande-Bretagne	5	0,025	2,5	0,005	1	0,016	6,6	0,016	6	0,041	3,3	0,007
Irlande	1	0,004	0,4	0,004					1	0,004	0,3	0,004
Acadie	22	0,123	12,3	0,006	27	0,132	55,6	0,005	49	0,255	20,6	0,005
Canada & ÉU	9	0,034	3,4	0,004	5	0,020	8,2	0,004	14	0,053	4,3	0,004
Indéterminée	3	0,017	1,7	0,006	4	0,017	7,0	0,004	7	0,033	2,7	0,005
Grand Total	**174**	**1,000**	**100,0**	**0,006**	**46**	**0,237**	**100,0**	**0,005**	**220**	**1,237**	**100,0**	**0,006**

Annexe 31

Distribution (n), contribution génétique totale (CGT) et contribution génétique moyenne (CGM) des fondateurs immigrants, de sexe masculin, mariés après 1765, communs aux généalogies des cas et des témoins, selon leur origine

			Cas			Témoins		
Origine	n	n(%)	CGT	CGM	CGT(%)	CGT	CGM	CGT(%)
Bretagne	1	4,2	0,01	0,01	0,8	0,01	0,01	0,8
Gascogne	1	4,2	0,01	0,01	0,8	0,01	0,01	1,1
France total	**2**	**8,3**	**0,02**	**0,01**	**1,6**	**0,02**	**0,01**	**1,9**
Grande-Bretagne	7	29,2	0,52	0,08	55,1	0,55	0,08	52,9
Irlande	2	8,3	0,05	0,02	4,9	0,07	0,03	6,5
Allemagne	2	8,3	0,17	0,09	18,1	0,14	0,07	13,7
Acadie	4	16,7	0,05	0,01	5,3	0,05	0,01	4,6
Indéterminée	7	29,2	0,14	0,02	14,8	0,21	0,03	20,5
Grand Total	**24**	**100,0**	**0,95**	**0,04**	**100,0**	**1,03**	**0,04**	**100,0**

Annexe 32

Distribution (n), contribution génétique totale (CGT) et contribution génétique moyenne (CGM) des fondatrices immigrantes mariées après 1765, communes aux généalogies des cas et des témoins, selon leur origine

			Cas			Témoins		
Origine	n	n(%)	CGT	CGM	CGT(%)	CGT	CGM	CGT(%)
Grande-Bretagne	2	22,2	0,18	0,09	52,2	0,24	0,12	57,3
Irlande	1	11,1	0,03	0,03	8,9	0,01	0,01	1,9
Canada	1	11,1	0,00	0,00	1,1	0,00	0,00	0,9
Indéterminée	5	55,6	0,13	0,03	37,8	0,16	0,03	39,8
Grand Total	**9**	**100,0**	**0,35**	**0,04**	**100,0**	**0,41**	**0,05**	**100,0**

Annexe 33

Distribution (n), contribution génétique totale (CGT) et contribution génétique moyenne (CGM) des fondateurs immigrants mariés après 1765, spécifiques aux généalogies des cas et des témoins, selon le sexe et l'origine

A-Cas

Origine	Hommes				Femmes				Total			
	n	CGT	CGT (%)	CGM	n	CGT	CGT (%)	CGM	n	CGT	CGT (%)	CGM
Alsace	1	0,01	1,2	0,01					1	0,01	0,5	0,01
Guyenne	1	0,02	2,3	0,02					1	0,02	1,1	0,02
Normandie	3	0,03	4,7	0,01					3	0,03	2,2	0,01
Inconnue France	1	0,03	4,7	0,03					1	0,03	2,2	0,03
France total	**6**	**0,09**	**12,8**	**0,01**					**6**	**0,09**	**5,9**	**0,01**
Grande-Bretagne	4	0,09	12,8	0,02	1	0,02	2,0	0,02	5	0,10	7,0	0,02
Irlande	4	0,11	16,3	0,03	4	0,11	14,0	0,03	8	0,22	15,1	0,03
Allemagne	2	0,02	3,5	0,01	1	0,06	8,0	0,06	3	0,09	5,9	0,03
Pays-Bas	1	0,02	2,3	0,02					1	0,02	1,1	0,02
Acadie	2	0,01	1,7	0,01	1	0,01	1,0	0,01	3	0,02	1,3	0,01
Canada & ÉU					1	0,01	1,0	0,01	1	0,01	0,5	0,01
Indéterminée	9	0,34	50,6	0,04	13	0,58	74,0	0,04	22	0,92	63,2	0,04
Grand total	**28**	**0,67**	**100,0**	**0,02**	**21**	**0,78**	**100,0**	**0,04**	**49**	**1,45**	**100,0**	**0,03**

B-Témoins

Origine	Hommes				Femmes				Total			
	n	CGT	CGT (%)	CGM	n	CGT	CGT (%)	CGM	n	CGT	CGT (%)	CGM
Alsace	1	0,01	0,7	0,01					1	0,01	0,3	0,01
Lyonnais	1	0,01	0,7	0,01					1	0,01	0,3	0,01
Maine	1	0,01	0,7	0,01					1	0,01	0,3	0,01
Normandie	1	0,01	0,7	0,01					1	0,01	0,3	0,01
Inconnue France	1	0,02	1,4	0,02	1	0,01	0,5	0,01	2	0,02	0,8	0,01
France total	**5**	**0,05**	**4,2**	**0,01**	**1**	**0,01**	**0,5**	**0,01**	**6**	**0,06**	**1,9**	**0,01**
Grande-Bretagne	10	0,52	46,5	0,05	3	0,06	3,7	0,02	13	0,59	20,8	0,05
Irlande					2	0,08	4,6	0,04	2	0,08	2,8	0,04
Allemagne	4	0,09	8,3	0,02					4	0,09	3,3	0,02
Suisse	1	0,00	0,3	0,00					1	0,00	0,1	0,00
Acadie	7	0,06	4,9	0,01	2	0,02	1,4	0,01	9	0,08	2,8	0,01
Canada & ÉU	4	0,17	14,9	0,04	6	0,63	37,2	0,11	10	0,80	28,4	0,08
Indéterminée	7	0,23	20,8	0,03	14	0,90	52,6	0,06	21	1,13	40,0	0,05
Grand Total	**38**	**1,13**	**100,0**	**0,03**	**28**	**1,699**	**100,0**	**0,06**	**66**	**2,82**	**100,0**	**0,04**

Oui, je veux morebooks!

i want morebooks!

Buy your books fast and straightforward online - at one of world's fastest growing online book stores! Environmentally sound due to Print-on-Demand technologies.

Buy your books online at
www.get-morebooks.com

Achetez vos livres en ligne, vite et bien, sur l'une des librairies en ligne les plus performantes au monde!
En protégeant nos ressources et notre environnement grâce à l'impression à la demande.

La librairie en ligne pour acheter plus vite
www.morebooks.fr

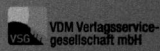

VDM Verlagsservicegesellschaft mbH
Heinrich-Böcking-Str. 6-8   Telefon: +49 681 3720 174   info@vdm-vsg.de
D - 66121 Saarbrücken   Telefax: +49 681 3720 1749   www.vdm-vsg.de

Printed by Books on Demand GmbH, Norderstedt / Germany